ライブラリ 新数学基礎テキスト Q6

レクチャー
離散数学

グラフの世界への招待

木本 一史 著

サイエンス社

編者のことば

「万物は数である」とのピタゴラスの言葉はいまからおよそ2500年前のものです．今日の情報セキュリティの根幹を担っている公開鍵暗号もピタゴラスの時代にすでに研究されていた“素数学”に基づいています．いまや，AIやIoTという言葉を目や耳にしない日はありません．人々がピタゴラスの言葉を実感する時代になったのでしょう．同時に，データがいわば面白いぐらいに多く集められ蓄積される今日は，データドリブンな科学の時代であると言われています．しかしこのことは，伝統的な科学研究の方法である演繹的推論が不必要であることを意味しているわけではありません．計算機やインターネットの飛躍的進歩で，帰納的手法であるデータドリブンな科学の重要性が格段に大きくなったのです．本ライブラリで読者に提供しようとしているのは，これら双方を見据えた数学の基礎です．

数学はこれまでも物理学に多くの言葉や手法を提供してきました．ガリレオガリレイの言葉「宇宙は数学語で書かれている」を思い出します．また，アインシュタインは特殊相対論の構築の際，すでに必要な非ユークリッド幾何が，自然現象の解明とは別に人間の頭のなかで考えられ構築されていたことに驚きを隠しませんでした．いまなお，数学がどうしてかくも役に立つのか，その理由を論理的に説明する知恵を人類はもっていません．しかし，データサイエンスといわれる時代，もはや物理学，化学，経済学のみならず，数学からは遠いと思われていた生物学や生命科学の研究においても，対象のモデリングなどを通して数学の有効性が明らかになってきています．

本ライブラリは，“万物は数”が実感される新時代の理工系分野の大学生のための数学のテキストとして編まれています．今後，量子コンピュータが実現し，データサイエンスのさらなる革新が進むときがきても，本ライブラリにおける数学は，読者が必要な次の一歩を進める大きな糧になるでしょう．教科書としてはもちろん，自習書としても十二分に使えるよう工夫をしました．たとえば各巻の著者は，豊富な例を用いた簡潔な説明に努めました．

さぁ，ノートとペン，ときにはパソコンを横に，慌てず丁寧に勉強を進めていってください．

2019年4月　　　　編者　若山正人

はじめに

離散数学とは離散的な対象を扱う数学のことです．離散的という言葉は，辞書では「連続的な集合の部分集合が，ばらばらに散らばった状態であること．(大辞林)」「連続的ではないさま．数学で，値や数量がとびとびになっているさま．(大辞泉)」といった意味とされています．つまりは大雑把にいえば，はかる（測る・計る・量る）対象であるものが「連続的」なもので，数えられるような状態にあるものが「離散的」なものである，ということになりましょう．たとえば高校数学における「順列の総数や場合の数を数える」といった問題は離散数学の扱う問題の一例です．

離散数学において基本的かつ中心的な対象の 1 つが「グラフ」と呼ばれるものです．

高校までの数学で「グラフ」といえば，それは 2 次関数や三角関数などのグラフ，つまり xy 平面に描かれた曲線を指しますが，ここでいう「グラフ」はそれとは違います．ざっくりいうと，ネットワークを単純化・抽象化して，点と線のつながりとして表したもののことを，ここでは「グラフ」と呼びます．

たとえばソーシャルネットワークを単純化して表すことを考えてみます．ひとりひとりの個人を「点」で，人と人との間につながりを「それらに対応する点と点を結ぶ線」で表すことで「点と線の集まり」ができます．これを，そのソーシャルネットワークを表す「グラフ」というわけです．本来なら個性があ

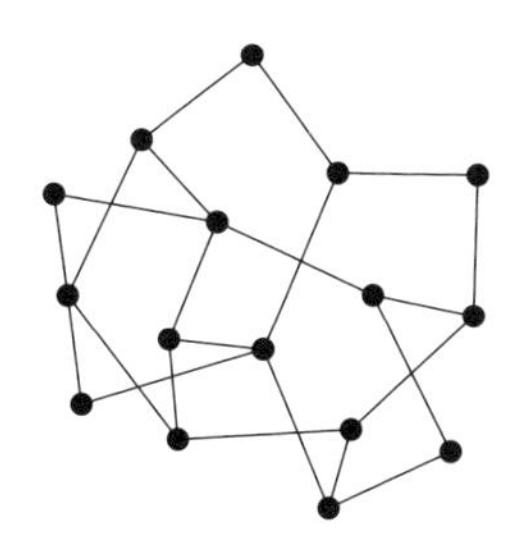

るはずの個人を没個性的な「点」で表したり，人間関係にも濃淡があるはずのところを単純な「線による接続」で表しているわけですから，ここではかなりの単純化がされています．ですから，「グラフ」は元々のネットワークが持っていた「つながり方」の情報だけを抽出したもの，ともいえるでしょう．

ネットワークにも色々あります．上で例に挙げたソーシャルネットワークの他に，インターネット，会社組織，路線図やドライブマップなどもそうです．たとえば路線図は，駅を「点」とし，それらをつなぐ「線」が路線を表すようにすればグラフができます．すると「ある駅からある駅までどのように乗り継いで行けば良いか？」といった日常的問題は，グラフの上で「ある点から別の点まで，辺に沿ってどのように移動して行けば良いか？」という問題に抽象化されます．ドライブマップからグラフを作れば，カーナビゲーションシステムにおける経路探索の問題も，グラフの問題として考えられそうです．このようにグラフは，ネットワークに関連する実際的な問題を数学的に表現し解決する舞台として役立てられます．近年よく耳にする機械学習，人工知能といった情報科学における技術の下支えともなっています．

本書では，ネットワークに関する問題の舞台となるグラフについて，

- まず，論理や集合と写像といった，インフラ的な基礎事項について簡単に解説すること
- グラフにまつわる基本的な概念とその正確な定義を紹介すること
- グラフに関する基本的な事実を具体例とともに紹介し，それらの事実が成り立つ理由ないしメカニズムを説明すること
- グラフの言葉を使うと，応用的な場面における様々な問題がどのように定式化されるか（グラフの言葉にどのように翻訳されるか）を紹介すること
- 線形代数（や群論）の知識を多少仮定して，グラフのスペクトル理論の初歩について紹介すること，特に高効率ネットワークの設計や暗号などと関連して重要なラマヌジャングラフについて紹介すること

を目標とします．

内容の紹介，読み方のヒント，関連書籍など

第 1 章と第 2 章は論理や集合・写像について簡単にまとめてあります．これらの話題についてある程度なじみがあるならば，ここを飛ばして第 3 章から読み始めると良いでしょう．論理と集合についての教科書として，ここでは中内[9] を挙げておきます．また，論理にまつわる読み物として野矢[8] も面白いと思います．

第 3 章から第 9 章，および第 12 章でグラフ理論の基本的な話題を（有限単純無向グラフに絞って）扱っています．第 12 章は線形代数（行列と行列式）についての知識を仮定していますが，12.3 節までは行列のみで話が進んでいきます（12.4 節だけ行列式についてのちょっとした計算をしますので，ここの細かい議論はいったん飛ばしても良いでしょう）．グラフ理論についてさらに学びたい読者は，たとえばディーステル[5] へと進むと良いと思います．

第 11 章はグラフを舞台とした最適化問題の紹介です．グラフに限らない，色々な最適化問題については，穴井・斉藤[4] を一読することで概観できると思います．

第 10 章，第 13 章，第 14 章はエクスパンダー族およびグラフのスペクトル理論の入門的な内容です．他の章とは毛並みが違いますが，応用上も重要な役割を果たすエクスパンダー族やラマヌジャングラフについても紹介しておきたいと思い，ごく初歩的な事項をまとめてみました．グラフのスペクトル理論についてさらに学びたい読者は，たとえば Krebs-Shaheen[2] へと進むと良いでしょう．

本書の内容を講義で扱う場合は，たとえば第 1 章と第 2 章から必要に応じて話題を選び，グラフ理論について第 3 章から第 9 章まで進めた後，必要に応じて第 12 章の内容を部分的に使って，最後に第 11 章の内容を紹介するという道のりが考えられます．またグラフのスペクトル理論を志向するならば，第 9 章から第 12 章に飛び，第 10 章の内容を適当なタイミングに挟み込むという使い方が考えられるでしょう．

用語と記号について

グラフ理論に関する基本文献の1つとして

R. ディーステル 著，根上生也・太田克弘 訳，グラフ理論，丸善出版，2012年

が挙げられます．本書ではグラフ理論に関する用語（特に訳語）と記号については，基本的にはこの本のものに従うことにします．

グラフのスペクトル理論の用語と記号については

G. Davidoff, P. Sarnak and A. Valette, *Elementary Number Theory, Group Theory, and Ramanujan Graphs*, Cambridge University Press, 2003.

M. Krebs and A. Shaheen, *Expander Families and Cayley Graphs*, Oxford University Press, 2011

の2冊のものを（折衷的に）基本とします．

練習問題と章末問題の略解について

本文中にある練習問題や，各章末にある問題の略解は，本書のサポートページにPDFを掲載しますので，必要に応じてダウンロードしてご利用下さい．

謝辞

本書の執筆に際して，九州大学の若山正人先生からは原稿に対する貴重なご意見をいただきました．またサイエンス社の田島伸彦氏，鈴木綾子氏，岡本健太郎氏に大変お世話になりました．ここに感謝いたします．

2019年3月

木本一史

演習問題の解答は，サイエンス社のホームページ（http://www.saiensu.co.jp）の，本書サポートページから入手できます．

記号のまとめ

論理の記号

- $P \wedge Q$：論理積
- $P \vee Q$：論理和
- $P \to Q$：含意
- $\neg P$：否定
- $P \Leftrightarrow Q$：同値
- $\forall x$：任意の x に対して
- $\exists x$：ある x が存在して

集合の記号

- $\{a_1, a_2, \ldots, a_n\}$：$a_1, a_2, \ldots, a_n$ を元とする集合
- $\{x \mid P(x)\}$：条件 $P(x)$ を満たすような x たちからなる集合
- $e \in E$：e は集合 E の元である
- $e \notin E$：e は集合 E の元ではない
- $|A|$：集合 A の元の個数
- $A \subset B$：A は B の部分集合
- $A \cup B$：和集合
- $A \cap B$：共通集合
- $A \setminus B$：差集合
- $\overline{A}$：A の補集合
- $\varnothing$：空集合
- $\mathbb{N}, \mathbb{Z}, \mathbb{Q}, \mathbb{R}, \mathbb{C}$：順に，自然数全体，整数全体，有理数全体，実数全体，複素数全体のなす集合

グラフの記号

- $G = (V, E)$：グラフ（頂点の集合と辺の集合のペアとして表現される）
- $|G|$：グラフ G の位数（頂点の個数）
- $\|G\|$：グラフ G のサイズ（辺の本数）
- $\deg(v)$：頂点 v の次数
- $\mathcal{N}(v)$：頂点 v の近傍
- $\mathcal{N}(F)$：$F \subset V$ の近傍

- $E(v)$：v に接続する辺の全体
- $G[U]$：$U \subset V$ が定める G の誘導部分グラフ
- $G \cong G'$：2 つのグラフ G, G' は同型である
- $\mathrm{dist}(x, y)$：2 つの頂点 x, y の距離
- $\mathrm{diam}(G)$：グラフ G の直径
- $\chi(G)$：グラフ G の彩色数
- $\deg^-(v)$：有向グラフにおける頂点 v の入次数
- $\deg^+(v)$：有向グラフにおける頂点 v の出次数
- ∂F：$F \subset V$ の辺境界
- $\mathrm{h}(G)$：拡大係数（等周定数）
- $\mathrm{Cay}(\boldsymbol{G}, S)$：群 $\boldsymbol{G}$ と対称生成集合 $S \subset \boldsymbol{G}$ が定めるケイリーグラフ
- $\mathcal{P}_n$：長さ n の道
- $\mathcal{C}_n$：長さ n の閉路
- $\mathcal{K}_n$：位数 n の完全グラフ
- $\mathcal{K}_{m,n}$：m 頂点と n 頂点からなる 2 部分割を持つ完全 2 部グラフ
- $\mathcal{P}_m \square \mathcal{P}_n$：グリッドグラフ

行列の記号

- I：単位行列（n 次の単位行列であることを強調するときは I_n）
- $\boldsymbol{e}_1, \boldsymbol{e}_2, \ldots, \boldsymbol{e}_n$：$I_n$ の 1 列，2 列，$\cdots$，n 列
- O：ゼロ行列（$m \times n$ 行列であるとき $O_{m,n}$ とも書き，n 次正方行列のとき O_n とも書く）
- $\mathbf{1}$：すべての成分が 1 の行列（$m \times n$ 行列であるとき $\mathbf{1}_{m,n}$ とも書き，n 次正方行列のとき $\mathbf{1}_n$ とも書く）
- $\mathcal{A}$：隣接行列
- $\mathcal{B}$：接続行列
- $\mathcal{D}$：次数行列
- $\mathcal{L}$：ラプラシアン行列（$\mathcal{L} = \mathcal{D} - \mathcal{A}$ である）
- $A^\top$：行列 A の転置

グラフの固有値に関する記号

- $\lambda_r(G)$：グラフ G の第 r 固有値（r 番目に大きい $\mathcal{A}$ の固有値）
- $\mathrm{Spec}(G)$：グラフ G のスペクトル（G の隣接行列 $\mathcal{A}$ の固有値全体がなす多重集合）

その他の記号

- $\binom{n}{r}$：二項係数，つまり $\binom{n}{r} = \dfrac{n!}{r!\,(n-r)!}$
- $\binom{X}{r}$：r 個の元からなる集合 X の部分集合の全体
- $\lfloor x \rfloor$：x を越えない最大整数
- $\lceil x \rceil$：x 以上の最小整数

目　　次

第3章　グ　ラ　フ　36

第4章　グラフの操作　75

第5章　多重グラフと有向グラフ　82

第6章　森　と　木　92

サイエンス社のホームページのご案内
http://www.saiensu.co.jp
ご意見・ご要望は　rikei@saiensu.co.jp　まで

第1章 論理と数学語

論理は数学の基盤であるし，プログラミングの基盤でもある．複雑に見える論理も，より簡単な要素の組合せにほぐして考えることで分かりやすくなる．ここでは数学での利用を念頭に置いて論理の基本的なことをかいつまんで説明する．

1.1 命題と述語

正しいか間違っているかが客観的に定まるような主張（つまり文）のことを**命題** (proposition) という．正しいことを**真** (true)，そうでないことを**偽** (false) という．正しい命題は「真の命題」，間違っている命題は「偽の命題」ということになる．「真とも偽ともいえない命題」のような微妙なものは扱わない．

例 1.1　「$2+3$ は 5 に等しい」は真の命題，「1 は 2 より大きい」は偽の命題である．「100^{100} はとても大きい」や「$1^3+12^3=9^3+10^3$ は珍しい等式である」は，主観的な主張なので命題とはいえない． □

練習問題 1.1　次の命題は真か偽か？

(1) 108 は偶数である．

(2) 753 は素数である．

(3) 4^6 は 6^4 より大きい．

(4) 800 の正の約数は 20 個以上ある．

「変数」を含む主張で，変数に値を代入すると命題になるものを**述語** (predicate) という．「変数」に代入するのは数とは限らないので，より正確には**変項** (variable) という．

例 1.2 「x は 2 より大きい」という主張は，x の値が未知だと真とも偽ともいえないが，たとえば $x = 4$ のときには真になるし，$x = 0$ のときには偽になる． □

例題 1.3

「$x^2 - 3x + 2 = 0$ である」という主張の真偽は x の値によってどう変わるか？

【解答】 $x = 1$ のときと $x = 2$ のときに真，それ以外のとき偽となる． □

x を変項として含む述語は，x の値が確定しないと文の主語が確定しないので命題にならない．つまり，命題になる予定の文の，述語部分だけが確定しているものなので，述語と呼ぶわけである．

練習問題 1.2 次の述語が真の命題となるような x の値を，それぞれの場合に求めよ．

(1) $2x + 1$ と $x - 3$ は等しい．

(2) x と x^2 は等しい．

(3) $\frac{12}{x}$ は自然数である．

1.2 論理演算 — 命題から命題を作ること

いくつかの命題を組み合わせて新しい命題を作る，ということを考えよう．

1.2.1 否　　定

命題 P に対し，P が成り立たないことを主張する命題を $\neg P$ で表し，これを P の**否定** (negation) という．$\neg P$ は「P ではない」と読むと良いだろう．

例 1.4 「$\sqrt{2}$ は無理数である」という命題を P とすれば，P の否定 $\neg P$ は「$\sqrt{2}$ は無理数ではない」（つまり「$\sqrt{2}$ は有理数である」）となる． □

練習問題 1.3 練習問題 1.1 の 4 つの命題 (1)〜(4) のそれぞれについて，その否定を答えよ．

P を命題とすると，P が真のとき $\neg P$ は偽であり，P が偽のとき $\neg P$ は真である．これは右のように表の形にまとめて書くと分かりやすいだろう．

P	$\neg P$
T	F
F	T

T は真 (True) を，F は偽 (False) を表している．この表を否定の**真理値表** (truth table) と呼ぶ．

1.2.2 論 理 積

2 つの命題 P, Q に対し，P と Q の両方が成り立つことを主張する命題を $P \land Q$ で表し，これを P と Q の**論理積** (conjunction) という．**連言**と呼ぶこともある．$P \land Q$ は「P かつ Q」と読む．論理積の真理値表は，論理積に含まれる 2 つの命題の真偽の組合せが 4 通りあり，右のようになる．

P	Q	$P \land Q$
T	T	T
T	F	F
F	T	F
F	F	F

たとえば上から 3 行目は，P が真 (T) で Q が偽 (F) のときは $P \land Q$ は偽 (F) であることを表している．P と Q の両方が真のときのみ $P \land Q$ は真で，そうでなければ（P と Q のうちの一方でも偽であれば）$P \land Q$ は偽，ということである．

例題 1.5

4 つの命題 P, Q, R, S を次のように定める．

P: 360 は 3 の倍数である．

Q: 360 は 5 の倍数である．

R: 360 は 7 の倍数である．

S: 360 は 11 の倍数である．

このとき

$P \land Q$: 360 は 3 の倍数であり，かつ 5 の倍数でもある．

$Q \land R$: 360 は 5 の倍数であり，かつ 7 の倍数でもある．

$R \land S$: 360 は 7 の倍数であり，かつ 11 の倍数でもある

の真偽はどうなるか？

【解答】 P と Q は真で R と S は偽なので，$P \land Q$ は真，$Q \land R$ と $R \land S$ は偽である． □

P がどんな命題であっても $P \wedge (\neg P)$ は偽である．実際，$P \wedge (\neg P)$ の真理値表を作ってみると

P	$\neg P$	$P \wedge (\neg P)$
T	F	F
F	T	F

となり，$P \wedge (\neg P)$ は P の真偽によらず常に偽となることが見て取れる．$P \wedge (\neg P)$ は**矛盾** (contradiction) を表しているといえるだろう．

1.2.3 論 理 和

2つの命題 P, Q に対し，P と Q のうちの少なくとも一方が成り立つことを主張する命題を $P \vee Q$ で表し，これを P と Q の**論理和** (disjunction) という．**選言**と呼ぶこともある．$P \vee Q$ は「P または Q」と読む．論理和の真理値表は次のようになる．

P	Q	$P \vee Q$
T	T	T
T	F	T
F	T	T
F	F	F

P と Q のうちの一方でも真であれば $P \vee Q$ は真で，そうでなければ（つまり P と Q の両方が偽であるときだけ）$P \vee Q$ は偽，ということである．

例 1.6 P, Q, R, S を例題 1.5 と同じ命題とすると，

$P \vee Q$: 360 は 3 の倍数であるか，または 5 の倍数である．

$Q \vee R$: 360 は 5 の倍数であるか，または 7 の倍数である．

$R \vee S$: 360 は 7 の倍数であるか，または 11 の倍数である

となる．P と Q は真で R と S は偽だったので，$P \vee Q$, $Q \vee R$ は共に真であり，$R \vee S$ は偽である． □

P がどんな命題であっても $P \vee (\neg P)$ は真である．実際，$P \vee (\neg P)$ の真理値表を作ってみると

P	$\neg P$	$P \vee (\neg P)$
T	F	T
F	T	T

となり，$P \vee (\neg P)$ は P の真偽によらず常に真となる．

1.2.4　含　　意

2 つの命題 P, Q に対し，P が成り立てば Q も成り立つ（P が偽のときは Q の真偽を問わない）ことを主張する命題を $P \to Q$ で表し，これを P と Q の**含意** (implication) という．$P \to Q$ は「P ならば Q」と読むと良いだろう．含意 $P \to Q$ において，P を**前件** (antecedent) または**前提**，Q を**後件** (consequent) または**結論**という．含意の真理値表は次のようになる．

P	Q	$P \to Q$
T	T	T
T	F	F
F	T	T
F	F	T

P が偽ならば必ず $P \to Q$ は真になるのは奇妙に感じるかもしれない．

練習問題 1.4　「9 が素数ならば 10 は素数である」という命題は正しいか？

練習問題 1.5　$(\neg P) \vee Q$ に対する真理値表を作れ，すなわち

P	Q	$\neg P$	$(\neg P) \vee Q$
T	T		
T	F		
F	T		
F	F		

の空欄を埋めよ．

1.2.5 同　値

2つの命題 P, Q に対し，P が成り立てば Q も成り立ち，Q が成り立てば P も成り立つことを主張する命題を $P \Leftrightarrow Q$ で表す．$P \Leftrightarrow Q$ は「P と Q は同値」と読むと良いだろう．

P	Q	$P \Leftrightarrow Q$
T	T	T
T	F	F
F	T	F
F	F	T

要するに，P と Q の真偽が一致することを $P \Leftrightarrow Q$ で表すわけである．

練習問題 1.6　$(P \to Q) \wedge (Q \to P)$ に対する真理値表を作れ，すなわち

P	Q	$P \to Q$	$Q \to P$	$(P \to Q) \wedge (Q \to P)$
T	T			
T	F			
F	T			
F	F			

の空欄を埋めよ．

1.3 論　理　法　則

定理 1.7　P, Q を命題とする．このとき次の命題は P, Q の真偽の組合せにかかわらず常に真である．

$$\neg(\neg P) \Leftrightarrow P,$$
$$\neg(P \wedge Q) \Leftrightarrow (\neg P) \vee (\neg Q),$$
$$\neg(P \vee Q) \Leftrightarrow (\neg P) \wedge (\neg Q),$$
$$\neg(P \to Q) \Leftrightarrow P \wedge (\neg Q)$$

練習問題 1.7　真理値表を書いて定理が正しいことを確かめよ．

定理 1.8　（**ド・モルガン (de Morgan) の法則**）　P, Q を命題とする．このとき次の命題は P, Q の真偽の組合せにかかわらず常に真である．

$$\neg(P \wedge Q) \Leftrightarrow (\neg P) \vee (\neg Q),$$
$$\neg(P \wedge Q) \Leftrightarrow (\neg P) \vee (\neg Q)$$

練習問題 1.8　真理値表を書いて定理が正しいことを確かめよ．

定理 1.9　（**分配法則**）　P, Q を命題とする．このとき次の命題は P, Q の真偽の組合せにかかわらず常に真である．

$$P \wedge (Q \vee R) \Leftrightarrow (P \wedge Q) \vee (P \wedge R),$$
$$P \vee (Q \wedge R) \Leftrightarrow (P \vee Q) \wedge (P \vee R)$$

練習問題 1.9　真理値表を書いて定理が正しいことを確かめよ．

1.4　量化 — 述語から命題を作ること

変項を含む主張で，変項に値を与えると命題になるようなものを述語というのであった．$P(x)$ を，x を変項に持つ述語とする．x に値を代入すると $P(x)$ は（真または偽の）命題になるわけである．このような述語 $P(x)$ において，2 つの極端な状況を考えることで命題を作ることを考える．

● 全称：任意の○○に対して

「どのような値を x に代入しても必ず $P(x)$ が真の命題になる」という主張は命題である．これを

$$\forall x, P(x)$$

と表す．「任意の x に対して $P(x)$」と読めば良いだろう．また，x が取りうる値の範囲をある集合 S に限定した「どのような S の元を x に代入しても必ず $P(x)$ が真の命題になる」という主張を

$$\forall x \in S, P(x)$$

と表す.

注意 集合およびそれに関する記法については次章を参照のこと.

● 存在：ある○○が存在して

「$P(x)$ が真の命題になるような x の値が，少なくとも 1 つはある」という主張は命題である．これを

$$\exists x, P(x)$$

と表す.「ある x が存在して $P(x)$」または「$P(x)$ となる x が存在する」と読めば良いだろう．また，x が取りうる値の範囲をある集合 S に限定した「$P(x)$ が真の命題になるになるような x の値が，S の中に少なくとも 1 つはある」という主張を

$$\exists x \in S, P(x)$$

と表す.

注意 論理記号のみで表すのではなく，「$\forall x \in S$ に対して $P(x)$」「$P(x)$ となる $x \in S$ が存在する」のような日常表現に近い書き方をすることもある．また「任意の正の実数 x に対して」を「$\forall x > 0$」と表すような使い方もする.

注意 変項が複数含まれる述語についても同様に

$$\forall x, y \in S,\ P(x, y)$$

や

$$\exists x, y \in S,\ P(x, y)$$

のように命題が作られる.

例 1.10 $\mathbb{R}$ を実数全体がなす集合とするとき，

$$\forall x \in \mathbb{R},\ x^2 \geq 0$$

は「任意の実数 x に対して $x^2 \geq 0$ である」という真の命題である．また，$\mathbb{Z}$ を整数全体がなす集合とするとき，

$$\exists x, y \in \mathbb{Z},\ 3x + 5y = 1$$

は「$3x+5y=1$ を満たす整数 x, y が存在する」という真の命題である. □

練習問題 1.10 次の命題を $\forall, \exists$ などを使って記号的に表せ.
(1) 任意の自然数 n に対して $2^n \geq n^2$ が成り立つ.
(2) $x^2 = -1$ を満たすような実数 x が存在する.

量化を重ねて使うことで複雑な命題を表現することができる. 注意として, $\forall$ と $\exists$ の両方を含む量化の場合, $\forall$ と $\exists$ の順番によって, 得られる命題の意味は大きく変わる. たとえば $P(x, y)$ を変項 x, y を含む命題とするとき

$$\forall y, \exists x, P(x, y)$$

は「任意の y に対して, $P(x, y)$ が成り立つような x が存在する」(x は y ごとに異なるかもしれない) という意味の命題になるが,

$$\exists x, \forall y, P(x, y)$$

は「ある x が存在して, 任意の y に対して $P(x, y)$ が成り立つ」(x はすべての y に対して共通) という意味の命題になる.

例 1.11 M をあらゆる薬の集合, D をあらゆる病気の集合とし, $P(x, y)$ を「x は y を治す」という述語とすれば,

$$\forall y \in D, \exists x \in M, P(x, y)$$

は「どんな病気 y に対しても, それを治す薬 x がある (どんな病気も薬で治る)」という意味の命題になり,

$$\exists x \in M, \forall y \in D, P(x, y)$$

は「どんな病気 y も治すような薬 x がある (つまり x は万能薬である)」という意味の命題になる. □

定理 1.12 S を集合とする．

(1) 命題

$$\forall x \in S,\ P(x)$$

の否定は

$$\exists x \in S,\ \neg P(x)$$

である．

(2) 命題

$$\exists x \in S,\ P(x)$$

の否定は

$$\forall x \in S,\ \neg P(x)$$

である．

標語的にいえば「否定を取ると，$\forall$ は $\exists$ に，$\exists$ は $\forall$ に置き換わる」ということである．

例 1.13 「コーヒーは苦い（任意のコーヒー x に対して，x は苦い）」の否定は「苦くないコーヒーがある（あるコーヒー x が存在して，x は苦くない）」である． □

例 1.14 例 1.11 の 2 つの命題の否定は順に

$$\exists y \in D, \forall x \in M, \neg P(x, y)$$

$$\forall x \in M, \exists y \in D, \neg P(x, y)$$

である．それぞれを日常語で表せば「どんな薬 x でも治せない病気 y がある（難病が存在する）」「どんな薬 x に対しても，それでは治せない病気 y がある（万能薬はない）」となるだろう． □

練習問題 1.11 練習問題 1.10 の命題の否定をそれぞれ答えよ．

第 1 章　章末問題

問題 1.1　命題 P に対し，数 $\delta(P)$ を

$$\delta(P) = \begin{cases} 1 & P \text{ が真} \\ 0 & P \text{ が偽} \end{cases}$$

によって定める．以下が成り立つことを確かめよ．

(1) 命題 P に対して $\delta(\neg P) = 1 - \delta(P)$.

(2) 命題 P, Q に対して

$$\delta(P \wedge Q) = \delta(P)\delta(Q),$$
$$\delta(P \vee Q) = \delta(P) + \delta(Q) - \delta(P)\delta(Q).$$

(3) 命題 P, Q に対して

$$\delta(P \to Q) = 1 - \delta(P) + \delta(P)\delta(Q).$$

問題 1.2　$\mathbb{N}$ を自然数全体がなす集合とする．数列 $\{a_n\}$ が α に収束する，ということの定義は

$$\forall\varepsilon > 0, \exists N \in \mathbb{N}, n \geq N \to |a_n - \alpha| < \varepsilon$$

のように表される．これを文章として書き下すとどうなるか．

問題 1.3　P, Q, R, S を命題とする．以下の命題はこれらの真偽の組合せにかかわらず常に真であることを示せ．

$$(P \vee Q) \wedge (R \vee S) \Leftrightarrow (P \wedge R) \vee (P \wedge S) \vee (Q \wedge R) \vee (Q \wedge S)$$

問題 1.4　P, Q を命題とする．以下の命題はこれらの真偽の組合せにかかわらず常に真であることを示せ．

(1) $(P \to Q) \Leftrightarrow ((\neg Q) \to (\neg P))$

(2) $((\neg P) \to (Q \vee (\neg Q))) \to P$

第2章

集合と写像

数学においてはあらゆる概念を「集合と写像」の言葉によって記述する．数学におけるインフラストラクチャであるといえるだろう．

たとえば，次章以降で扱うグラフはネットワークを単純化して点と線で表したものである．このように素朴に考えていても構わないのだが，グラフに関する問題を計算機上で計算させることを考えると，様々な概念を「集合と写像」に関する言葉を使って表現しておく方が便利である．この章では，集合と写像，および関連するいくつかの事項について簡単に紹介する．

2.1 集　　合

集合 (set) とは，範囲が客観的にはっきりと定まっているようなものの集まりのことである．集合をなす個々のものを，その集合に属する**元** (element) または**要素**と呼ぶ．

集合に属する元の個数が有限のときにその集合を**有限集合** (finite set) と呼び，そうでないとき**無限集合** (infinite set) と呼ぶ．

a が集合 A の元であることを $a \in A$ または $A \ni a$ で表す．また，a が集合 A の元ではないことを $a \notin A$ または $A \not\ni a$ で表す．簡単のため，

$$x \in A,\ y \in A$$

であることを

$$x, y \in A$$

のようにまとめて書くこともある．3 個以上の場合も同様である．

$x_1, x_2, \ldots, x_n$ という元からなる有限集合を

$$\{x_1, x_2, \ldots, x_n\}$$

という記号で表す．

例 2.1　$1, 2, 3$ という 3 つの数からなる集合は

$$\{1, 2, 3\}$$

と表す. □

例 2.2　集合は数の集まりに限らない. たとえば

$$\{x^2 + x + 1, x^2 - 3, 2x^2 + 5x + 1, -x^2 + 4x + 7\}$$

は, 文字 x の 2 次式 4 個からなる集合である. □

例 2.3　$A = \{2, 3, 5, 7\}$ のとき, $2 \in A$, $4 \notin A$ である. □

集合の記法 $\{x_1, x_2, \ldots, x_n\}$ において, $x_1, x_2, \ldots, x_n$ が相異なるものを表す必要はなく, 同じものが重複して現れてもそれが複数個含まれることを意味しない. つまり,

$$A = \{x_1, x_2, \ldots, x_n\}$$

という記号は, A が

- $x_1 \in A$, $x_2 \in A$, $\ldots$, $x_n \in A$
- $x \neq x_1, x_2, \ldots, x_n$ ならば $x \notin A$

という条件で定まる集合であることを意味する (後述の例 2.14 も参照).

例 2.4

$$\{1, 1, 1, 2, 3, 3, 3\} = \{1, 2, 3\}$$

である. □

注意　2.7 節で登場する多重集合においては, 同じ元が複数個含まれることを許容する.

無限集合の場合, すべての元を列挙するということができない. また有限集合であっても元の個数が莫大であれば, 元を列挙するのは現実的ではない. そこで, 属するための条件によって集合を表す記法が必要となる. 「○○という条件を満たすものを全部集めてできる集合」のことを

$$\left\{x \,\middle|\, x \text{ は○○という条件を満たす}\right\}$$

のように表す.

例 2.5

$$A = \left\{ x \,\middle|\, x \text{ は 100 未満の素数} \right\}$$

は

$$A = \{2, 3, 5, 7, 11, 13, 17, 19, 23, 29, 31, 37, 41, 43, \\ 47, 53, 59, 61, 67, 71, 73, 79, 83, 89, 97\}$$

という集合を意味する．条件で規定する上の書き方のほうが「どのような集合なのか」が明確である．一方で元を列挙する下の書き方は「具体的にはどのような元からなるのか」を一覧するのに向いている． □

例 2.6 有限集合でいくつか用例を挙げる．

$$\left\{ n \,\middle|\, n \text{ は自然数，} n \text{ は 30 の約数} \right\} = \{1, 2, 3, 5, 6, 10, 15, 30\},$$
$$\left\{ n \,\middle|\, n \text{ は 12 以下の自然数，} n \text{ と 12 は互いに素} \right\} = \{1, 5, 7, 11\},$$
$$\left\{ x \,\middle|\, x \text{ は実数，} x \text{ は } x^2 - 3x + 2 = 0 \text{ を満たす} \right\} = \{1, 2\}$$ □

注意 上の例のように条件を並列した場合，それらすべてを満たすものとする．つまりたとえば「n は自然数，n は 30 の約数」と書いたら，それは「n は自然数かつ n は 30 の約数」の意味だとする．

練習問題 2.1 以下のそれぞれにおいて与えられた集合を，具体的に元を列挙する書き方で表せ．

(1) $A = \left\{ x \,\middle|\, x \text{ は実数，} x \text{ は } x^4 = 1 \text{ を満たす} \right\}$

(2) $B = \left\{ x \,\middle|\, x \text{ は複素数，} x \text{ は } x^4 = 1 \text{ を満たす} \right\}$

(3) $C = \left\{ n \,\middle|\, n \text{ は自然数，} n \text{ は 100 の約数} \right\}$

数学では以下のような集合の記号が一般的に広く使われている.

$$\mathbb{N} = \left\{ x \,\middle|\, x \text{ は自然数} \right\},$$
$$\mathbb{Z} = \left\{ x \,\middle|\, x \text{ は整数} \right\},$$
$$\mathbb{Q} = \left\{ x \,\middle|\, x \text{ は有理数} \right\},$$
$$\mathbb{R} = \left\{ x \,\middle|\, x \text{ は実数} \right\},$$
$$\mathbb{C} = \left\{ x \,\middle|\, x \text{ は複素数} \right\}.$$

それぞれ Natural number（自然数），Zahlen（数，ドイツ語），Quotient（比），Real number（実数），Complex number（複素数）の頭文字に由来する.

注意　これらはボールド体で $\mathbf{N}, \mathbf{Z}, \mathbf{Q}, \mathbf{R}, \mathbf{C}$ と表すことも多い．ボールド体の記号を手書きするときには，その雰囲気を手軽に再現するために上のような「白抜きボールド体」で書く．その手書きでの慣習が逆輸入される形で，印刷物においても上のような白抜きボールド体を使うようになった（のだと思う）.

例 2.7　「$x, y, z \in \mathbb{Z}$ とする」と書いたら，これは「x, y, z を整数とする」というのと同じことである. □

例 2.8　例 2.6 で挙げた 3 つの集合は，より簡潔に

$$\{n \in \mathbb{N} \,|\, n \mid 30\},$$
$$\{n \in \mathbb{N} \,|\, n \leq 12,\ \gcd(n, 12) = 1\},$$
$$\left\{ x \in \mathbb{R} \,\middle|\, x^2 - 3x + 2 = 0 \right\}$$

と表すことができる．ただし次のような記号を用いた.

- m が n を割り切ることを $m \mid n$ で表す.
- m と n の最大公約数を $\gcd(m, n)$ で表す. □

A, B を集合とする．$x \in A$ ならば $x \in B$ が成り立つとき，$A \subset B$ または $B \supset A$ と表して A は B に**含まれる**（B は A を含む），または A は B の**部分集合** (subset) であるという．$A \subset B$ かつ $B \subset A$ が成り立つとき，A と B は**等しい**といい，$A = B$ で表す.

平面内の領域として集合を表す概念図である**ヴェン図** (Venn diagram) を考えると視覚的に把握できて便利である．たとえば $A \subset B$ は

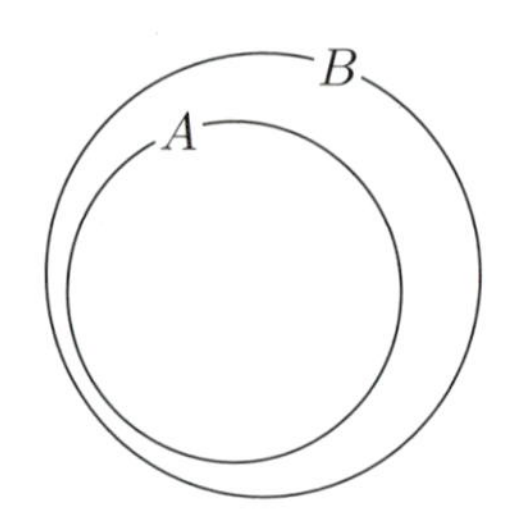

のように図示する．

例 2.9 $\mathbb{N} \subset \mathbb{Z} \subset \mathbb{Q} \subset \mathbb{R} \subset \mathbb{C}$ である． □

$A \subset B$ かつ $A \neq B$ のとき，A は B の**真部分集合** (proper subset) であるという．このことを強調したいときには $A \subsetneq B$ という記号を使う．

いかなる要素も含まない集合というものも考え，これを**空集合** (empty set) と呼ぶ．空集合を $\varnothing$ で表す．任意の x に対して $x \notin \varnothing$ である．空集合は唯一つしかなく，すべての集合は空集合を部分集合に持つ．

注意 空集合の記号はデンマーク語などで使われるラテン文字 Ø に由来するようだ．似ている記号としてギリシア文字のファイ ϕ があるが，これとは異なる記号である．数字のゼロを斜線で串刺しにした記号 $\emptyset$ を使うことも多い．

集合 A に属する元の個数を $|A|$ で表す．文献によっては $\#A$ または $\mathrm{Card}(A)$ などと表すこともある．A に属する元が無限に多くあるときには $|A| = \infty$ と表す．

例 2.10 $A = \{2, 3, 5, 7\}$ のとき $|A| = 4$ である． □

例 2.11 $|\mathbb{N}| = \infty$ である． □

2.2 集合の演算

A と B を集合とする．このとき

$$\begin{aligned} A \cup B &= \left\{ x \,\middle|\, x \in A \text{ または } x \in B \right\} \\ &= \left\{ x \,\middle|\, x \text{ は } A, B \text{ のどちらかには属する} \right\} \end{aligned}$$

で定まる集合 $A \cup B$ を A と B の**和集合** (union) という．

$$\begin{aligned} A \cap B &= \left\{ x \,\middle|\, x \in A \text{ かつ } x \in B \right\} \\ &= \left\{ x \,\middle|\, x \text{ は } A, B \text{ のどちらにも属する} \right\} \end{aligned}$$

で定まる集合 $A \cap B$ を A と B の**共通部分** (intersection) という．

$$\begin{aligned} A \setminus B &= \left\{ x \,\middle|\, x \in A \text{ かつ } x \notin B \right\} \\ &= \left\{ x \,\middle|\, x \text{ は } A \text{ に属するが } B \text{ には属しない} \right\} \end{aligned}$$

で定まる集合 $A \setminus B$ を A と B の**差集合** (difference) という．$A - B$ と書くこともある．

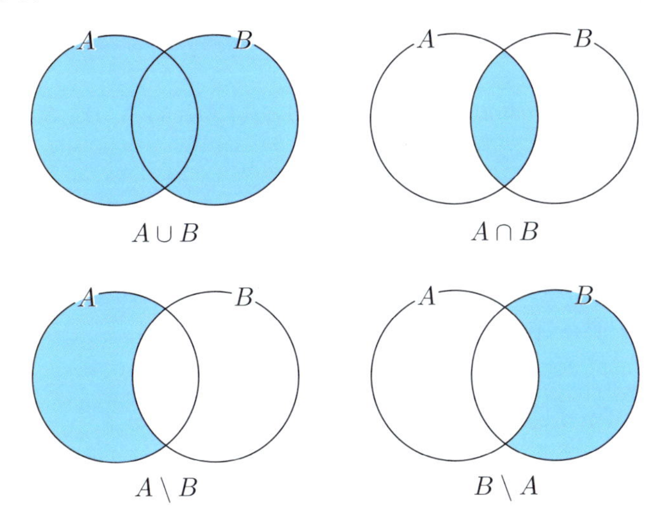

ヴェン図を見れば明らかなように，和集合と共通集合は交換法則を満たす，つまり

$$A \cap B = B \cap A, \qquad A \cup B = B \cup A$$

が成り立つ．差集合では交換法則が成り立たない．

例題 2.12

$A = \{1, 2, 3, 4, 5\}$, $B = \{2, 3, 5, 7\}$ のとき，$A \cup B$, $A \cap B$, $A \setminus B$, $B \setminus A$ をそれぞれ求めよ．

【解答】

$$A \cup B = \{1, 2, 3, 4, 5, 7\}, \quad A \cap B = \{2, 3, 5\},$$

$$A \setminus B = \{1, 4\}, \quad B \setminus A = \{7\}$$

である．

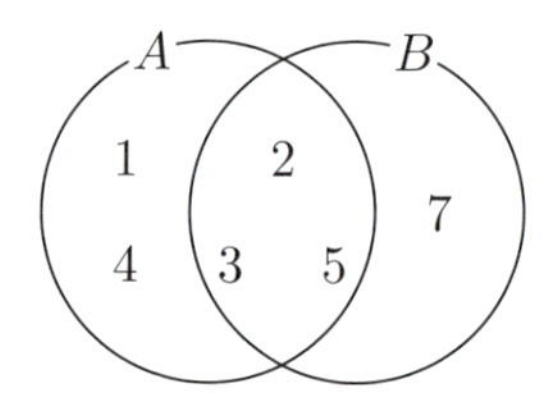

□

例 2.13 $\mathbb{R} \setminus \mathbb{Q}$ は「有理数ではない実数の集合」つまり「無理数の集合」を表す．

練習問題 2.2 $X = \{a, b, d, y, z\}$, $Y = \{b, c, d, x, z\}$ のとき，$X \cup Y$, $X \cap Y$, $X \setminus Y$, $Y \setminus X$ をそれぞれ求めよ．

練習問題 2.3 集合 A, B に対して

$$A \cap B \subset A \subset A \cup B$$

が成り立つことを確かめよ．

練習問題 2.4 集合 A に対して

$$A \cup A = A \cap A = A, \qquad A \setminus A = \varnothing$$

であることを確かめよ．

練習問題 2.5 集合 A に対して

$$A \cap \varnothing = \varnothing, \qquad A \cup \varnothing = A$$

であることを確かめよ．

3つ以上の集合に対しても和集合と共通集合を同様に定める．たとえば A, B, C を集合とするとき

$$\begin{aligned} A \cup B \cup C &= \left\{ x \,\middle|\, x \in A \text{ または } x \in B \text{ または } x \in C \right\} \\ &= \left\{ x \,\middle|\, x \text{ は } A, B, C \text{ のどれかには属する} \right\}, \\ A \cap B \cap C &= \left\{ x \,\middle|\, x \in A \text{ かつ } x \in B \text{ かつ } x \in C \right\} \\ &= \left\{ x \,\middle|\, x \text{ は } A, B, C \text{ のすべてに属する} \right\} \end{aligned}$$

と定める．

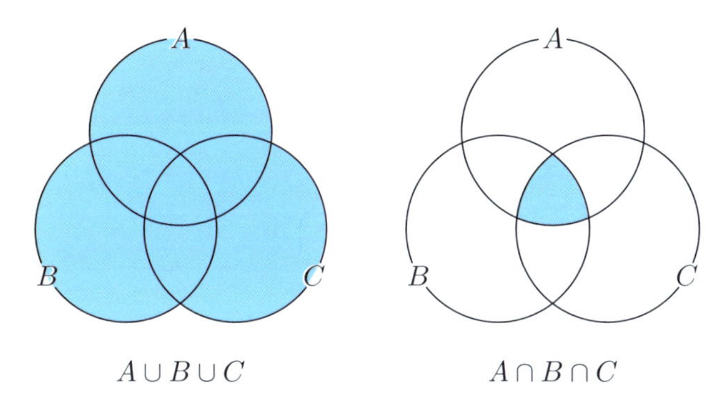

$A \cup B \cup C$　　$A \cap B \cap C$

A, B, C を集合とするとき

$$A \cup (B \cup C) = (A \cup B) \cup C = A \cup B \cup C,$$
$$A \cap (B \cap C) = (A \cap B) \cap C = A \cap B \cap C$$

が成り立つことは明らかだろう．このことから4つ以上の場合も同様である．

n を自然数として $A_1, A_2, \ldots, A_n$ を集合とするとき，総和の記号とよく似た

$$\bigcup_{i=1}^{n} A_i = A_1 \cup A_2 \cup \cdots \cup A_n,$$
$$\bigcap_{i=1}^{n} A_i = A_1 \cap A_2 \cap \cdots \cap A_n$$

という記法もある．

例 2.14

$$\{x_1, x_2, \ldots, x_n\} = \{x_1\} \cup \{x_2\} \cup \cdots \cup \{x_n\} = \bigcup_{i=1}^{n} \{x_i\}$$

である. □

練習問題 2.6 集合 X_1, X_2, X_3, X_4 を

$$X_1 = \{1, 2, 3, 4, 5, 6\}, \quad X_2 = \{1, 2, 4, 5, 6, 8\},$$
$$X_3 = \{1, 3, 5, 6, 7, 8\}, \quad X_4 = \{2, 4, 5, 6, 8, 9\}$$

で定める. このとき

$$\bigcup_{i=1}^{4} X_i, \qquad \bigcap_{i=1}^{4} X_i$$

はそれぞれどのような集合か？

練習問題 2.7 $A_1 \subset A_2 \subset \cdots \subset A_n$ のとき

$$\bigcup_{i=1}^{n} A_i = A_n, \qquad \bigcap_{i=1}^{n} A_i = A_1$$

が成り立つ. なぜか？

定理 2.15 （分配法則） A, B, C を集合とする. 次が成り立つ.

$$A \cap (B \cup C) = (A \cap B) \cup (A \cap C),$$
$$A \cup (B \cap C) = (A \cup B) \cap (A \cup C)$$

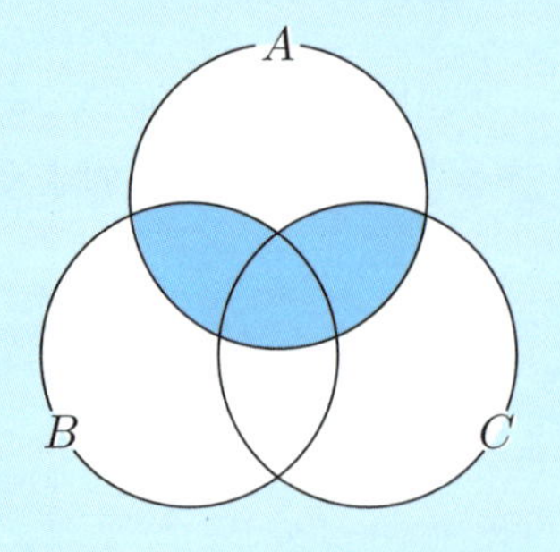

$A \cap (B \cup C) = (A \cap B) \cup (A \cap C)$

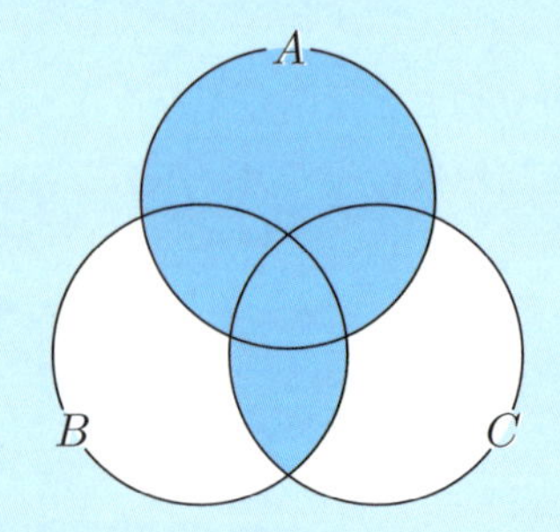

$A \cup (B \cap C) = (A \cup B) \cap (A \cup C)$

練習問題 2.8 分配法則が成り立つことをヴェン図を用いて確かめよ．

より一般的に，n を自然数として A および $B_1, B_2, \ldots, B_n$ を集合とするとき

$$A \cap \left(\bigcup_{i=1}^{n} B_i \right) = \bigcup_{i=1}^{n} (A \cap B_i),$$
$$A \cup \left(\bigcap_{i=1}^{n} B_i \right) = \bigcap_{i=1}^{n} (A \cup B_i)$$

が成り立つ．これも分配法則と呼ぶ．

練習問題 2.9 集合 A, B, C に対して

$$(A \cup B) \setminus C = (A \setminus C) \cup (B \setminus C),$$
$$(A \cap B) \setminus C = (A \setminus C) \cap (B \setminus C)$$

が成り立つことをヴェン図を用いて説明せよ．

大枠となる集合を 1 つ考えて，その部分集合だけを考える，という状況もよくある．そのような大枠となる集合を**全体集合** (universe) と呼ぶ．全体集合 U を 1 つ決めて固定したとき，$A \subset U$ に対して

$$\overline{A} = U \setminus A$$

を A の（U における）**補集合** (complement) と呼ぶ．

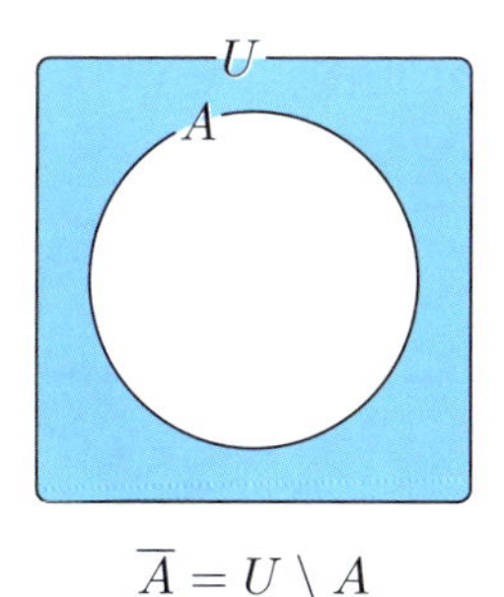

$\overline{A} = U \setminus A$

定理 2.16 （**ド・モルガンの法則**） U を全体集合とし，$A, B \subset U$ とする．次が成り立つ．

$$\overline{A \cap B} = \overline{A} \cup \overline{B}, \quad \overline{A \cup B} = \overline{A} \cap \overline{B}$$

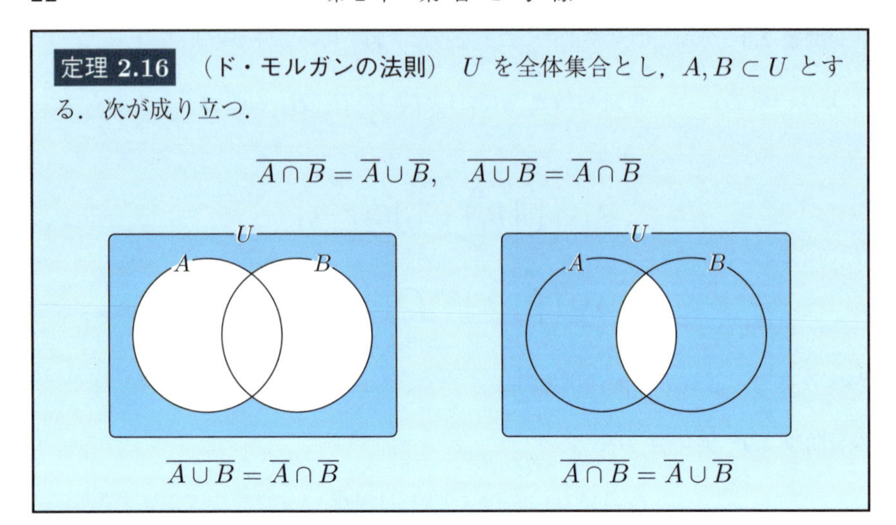

練習問題 2.10 ド・モルガンの法則が成り立つことを，ヴェン図を用いて確かめよ．

練習問題 2.11 U を全体集合とし，A, B を U の部分集合とする．以下のことが成り立つことをヴェン図を用いて確かめよ．

(1) $\overline{\overline{A}} = A$ (2) $\overline{U} = \varnothing, \overline{\varnothing} = U$

(3) $A \cap \overline{A} = \varnothing, A \cup \overline{A} = U$ (4) $A \subset B \iff \overline{B} \subset \overline{A}$

包除原理

集合 A, B に対して

$$|A \cup B| = |A| + |B| - |A \cap B| \tag{2.1}$$

が成り立つ．ここで $|A|$ は集合 A の元の個数を表すのだった．たとえば下図のようにヴェン図を描いてみれば納得しやすいだろう．

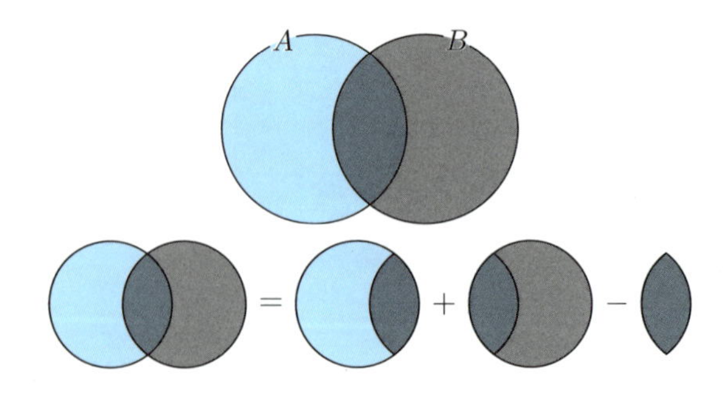

練習問題 2.12 有限集合 U を全体集合として $A \subset U$ とする．このとき

$$\left|\overline{A}\right| = |U| - |A|$$

であることを示せ．

部分集合のなす集合

n, k を 0 以上の整数とする．n 個のものから k 個のものを選ぶ選び方の総数を高校数学では

$${}_n\mathrm{C}_k$$

という記号で表し，**組合せの数**または**二項係数** (binomial coefficient) と呼ぶのだった．本書では二項係数 ${}_n\mathrm{C}_k$ と同じ数を表すのに $\binom{n}{k}$ という記号を使う．つまり

$$\binom{n}{k} = {}_n\mathrm{C}_k = \frac{n(n-1)\cdots(n-k+1)}{k!}$$

である（$k!$ は k の階乗で，1 から k までの自然数の積のこと，ただし $0! = 1$ と約束する）．

A を有限集合とし，n を 0 以上の整数とする．このとき

$$\binom{A}{n} = \{S \mid S \subset A,\ |S| = n\}$$

と定める．これは「A の部分集合」を元とする集合である．

例 2.17 $A = \{1, 2, 3\}$ のとき，

$$\binom{A}{0} = \{\varnothing\}, \quad \binom{A}{1} = \{\{1\}, \{2\}, \{3\}\},$$
$$\binom{A}{2} = \{\{1, 2\}, \{1, 3\}, \{2, 3\}\}, \quad \binom{A}{3} = \{\{1, 2, 3\}\}$$

である．A の部分集合で元の個数が 4 個以上のものは存在しないので

$$\binom{A}{n} = \varnothing \quad (n \geq 4)$$

である． □

例 2.18 $X = \{\spadesuit, \clubsuit, \diamondsuit, \heartsuit\}$ のとき，

$$\begin{aligned}
\binom{X}{0} &= \{\varnothing\},\\
\binom{X}{1} &= \{\{\spadesuit\}, \{\clubsuit\}, \{\diamondsuit\}, \{\heartsuit\}\},\\
\binom{X}{2} &= \{\{\spadesuit, \clubsuit\}, \{\spadesuit, \diamondsuit\}, \{\spadesuit, \heartsuit\}, \{\clubsuit, \diamondsuit\}, \{\clubsuit, \heartsuit\}, \{\diamondsuit, \heartsuit\}\},\\
\binom{X}{3} &= \{\{\spadesuit, \clubsuit, \diamondsuit\}, \{\spadesuit, \clubsuit, \heartsuit\}, \{\spadesuit, \diamondsuit, \heartsuit\}, \{\clubsuit, \diamondsuit, \heartsuit\}\},\\
\binom{X}{4} &= \{\{\spadesuit, \clubsuit, \diamondsuit, \heartsuit\}\}
\end{aligned}$$

である．X の部分集合で元の個数が 5 個以上のものは存在しないので

$$\binom{X}{n} = \varnothing \quad (n \geq 5)$$

である． □

練習問題 2.13 $X = \{a, b, c, d, e\}$ のとき，$\binom{X}{2}$ の元を列挙せよ．

練習問題 2.14 A を有限集合とする．このとき

$$\left|\binom{A}{n}\right| = \binom{|A|}{n}$$

が成り立つことを示せ．

2.3 最大値・最小値

数の集合 A において，A に属する数のうちで最大のものを A の**最大値** (maximum) と呼んで $\max A$ で表す．同様にして，A に属する数のうちで最小のものを A の**最小値** (minimum) と呼んで $\min A$ で表す．

例 2.19 $A = \{-3, -2, 0, 1, 2, 4, 5\}$ のとき，$\max A = 5$, $\min A = -3$ である． □

2.4 直 積 集 合

A, B を集合とする．A の元と B の元のペアからなる集合

$$\{(a,b) \mid a \in A,\, b \in B\}$$

を A と B の**直積** (direct product) と呼び，$A \times B$ で表す．

例 2.20　$A = \{\spadesuit, \clubsuit, \diamondsuit, \heartsuit\}$, $B = \{\mathrm{A}, \mathrm{J}, \mathrm{Q}, \mathrm{K}\}$ のとき

$$\begin{aligned} A \times B = \{&(\spadesuit, \mathrm{A}), (\spadesuit, \mathrm{J}), (\spadesuit, \mathrm{Q}), (\spadesuit, \mathrm{K}), (\clubsuit, \mathrm{A}), (\clubsuit, \mathrm{J}), (\clubsuit, \mathrm{Q}), (\clubsuit, \mathrm{K}), \\ &(\diamondsuit, \mathrm{A}), (\diamondsuit, \mathrm{J}), (\diamondsuit, \mathrm{Q}), (\diamondsuit, \mathrm{K}), (\heartsuit, \mathrm{A}), (\heartsuit, \mathrm{J}), (\heartsuit, \mathrm{Q}), (\heartsuit, \mathrm{K})\} \end{aligned}$$

である．□

例 2.21

$$\mathbb{R} \times \mathbb{R} = \{(x,y) \mid x, y \in \mathbb{R}\}$$

は実数の組をすべて集めた集合である．この集合は座標平面を表していると見なすことができる．$\mathbb{R} \times \mathbb{R}$ を $\mathbb{R}^2$ とも表す．□

練習問題 2.15　$A = \{$ ハ, ニ, ホ, ヘ, ト, イ, ロ $\}$, $B = \{$長調, 短調$\}$ のとき，$A \times B$ の元を列挙せよ．

2.5 写　　像

A, B を集合とする．A の各元に B の元が 1 つ対応しているとき，その対応のことを A から B への**写像** (mapping) という．f が A から B への写像であることを

$$f\colon A \to B$$

という記号で表す．写像 f によって A の元 a に対応する B の元を $f(a)$ で表し，f による a の**像** (image) と呼ぶ．

例 2.22　2 次関数や三角関数などの実数全体で定義された関数は，$\mathbb{R}$ から $\mathbb{R}$ への写像と考えられる．対数関数は定義域が正の実数全体なので開区間 $(0, \infty)$ から $\mathbb{R}$ への写像であるといえる．□

例 2.23 スーパーやコンビニのレジにあるバーコードスキャナは，商品のバーコードに対してその商品の値段を対応させる写像であるといえる． □

例 2.24 実数列は $\mathbb{N}$ から $\mathbb{R}$ への写像であると考えられる． □

例 2.25 画像認識も写像の言葉によって定式化される．たとえば，画像を入力として与えると，それが「猫の写真」か否かを判定する，という仕組みを考えよう．そのような画像認識システムは，A をディジタル画像の全体がなす集合，B を閉区間 $[0,1]$ として，何か画像 $a \in A$ を入力すると，それが猫の写真である確率 $f(a) \in B$ を出力する写像 $f\colon A \to B$ のことであるといえる． □

例 2.26 H を紀元後これまでに存在した（故人も含めた）人類の全体がなす集合とする．このとき，$x \in H$ に対して

$$y(x) = x \text{ の生まれた西暦年},$$
$$m(x) = x \text{ の生まれた月},$$
$$d(x) = x \text{ の生まれた日}$$

と定めることで，3 つの写像

$$y\colon H \to \mathbb{N}, \quad m\colon H \to \{1, 2, \ldots, 12\}, \quad d\colon H \to \{1, 2, \ldots, 31\}$$

ができる．たとえば p さんが 2018 年 8 月 14 日生まれだとすると，

$$y(p) = 2018, \quad m(p) = 8, \quad d(p) = 14$$

といった具合である． □

● 単射と全射

A, B を集合として $f\colon A \to B$ とする．

f が条件

$$a, a' \in A,\ a \neq a' \implies f(a) \neq f(a')$$

を満たすならば，f は**単射** (injection) である，または**一対一** (one-to-one) であるという．A の異なる 2 つの元は，異なる像に対応する，というわけである．言い換えれば，A の 2 つの元 a, a' の像が一致している（つまり $f(a) = f(a')$）とすれば，$a = a'$ でなければならない，ともいえる．

例 2.27 a を 0 でない実数とする．$f\colon \mathbb{R} \to \mathbb{R}$ を $f(x) = ax$ で定めると，f は単射である． □

例 2.28 $f\colon \mathbb{R} \to \mathbb{R}$ を $f(x) = x^2$ で定めると，$1 \neq -1$ だが $f(1) = f(-1) = 1$ なので，f は単射ではない． □

f が条件

$$\text{任意の } b \in B \text{ に対して } b = f(a) \text{ を満たす } a \in A \text{ が存在する}$$

を満たすならば，f は**全射** (surjection) である，または**上への** (onto) 写像であるという．B のどの元も，いずれかの A の元に対応している，というわけである．A の元の像の全体が B を埋め尽くすともいえるだろう．記号的には，f が全射であるということは

$$\{f(a) \mid a \in A\} = B$$

と表現できる．

例 2.29 例 2.26 における写像 $m\colon H \to \{1, 2, \ldots, 12\}$ は全射である．このことを確かめるためには，$k = 1, 2, \ldots, 12$ に対して「k 月生まれの人」の実例を 1 人ずつ挙げれば良い． □

例 2.30 $f\colon \mathbb{R} \to \mathbb{R}$ を $f(x) = x^2$ で定めると，$f(x) = -1$ となるような $x \in \mathbb{R}$ は存在しないので，f は全射ではない． □

f が一対一かつ上への写像（つまり単射かつ全射）のとき，f は**全単射** (bijection) である，または**一対一対応** (one-to-one correspondence) であるという．2 つの集合 A と B との間に一対一対応（全単射）があるとき，$|A| = |B|$ が成り立つ．

例題 2.31

有限集合 A, B に対して

$$|A \times B| = |A| \times |B|$$

が成り立つ．なぜか？

【解答】 $|A| = m$, $|B| = n$ としよう．元に名前を付けて

$$A = \{a_0, a_1, \ldots, a_{m-1}\}, \quad B = \{b_0, b_1, \ldots, b_{n-1}\}$$

としておく．$|A \times B| = mn$ を示せば良い．$C = \{0, 1, 2, \ldots, mn-1\}$ とおくと $|C| = mn$ である．写像 $f\colon C \to A \times B$ を

$$f(k) = (a_q, b_r), \quad k = nq + r \quad (0 \le r < n)$$

で定める（q, r は k を n で割ったときの商と余り）と f は全単射である．よって

$$|A \times B| = |C| = mn$$

を得る． □

2.6 和の記号

高校で数列の総和を表すシグマ記号を学ぶ．たとえば n 個の数の和

$$a_1 + a_2 + a_3 + \cdots + a_n$$

は総和記号を使うと

$$\sum_{i=1}^{n} a_i$$

と表される．「i を 1 から n の範囲で動かすときの a_i たちの総和」という意味である．i という文字は別の文字を使っても構わない．

総和記号は次のように用法を拡張しておくと便利である．A を有限集合とし，A の各元 x に対して何らかの数 $f(x)$ が定まるとき（つまり $f\colon A \to \mathbb{C}$），$f(x)$ $(x \in A)$ たちの総和を

$$\sum_{x \in A} f(x)$$

のように表す．

例 2.32 数列の和

$$a_1 + a_2 + a_3 + a_4 + a_5$$

は，$I = \{1, 2, 3, 4, 5\}$ とおけば

$$\sum_{x \in I} a_x$$

と表される． □

例 2.33 $A = \{1,3,5,7,9\}$ のとき

$$\sum_{x \in A} x = 1+3+5+7+9 = 25,$$
$$\sum_{x \in A} x^2 = 1^2+3^2+5^2+7^2+9^2 = 165$$

である. □

例 2.34 有限集合 A に対して

$$\sum_{x \in A} 1 = |A|$$

である. 左辺は, 数 1 を $|A|$ 回足し合わせているからである. □

2.7 多 重 集 合

多重集合の概念について, 簡単に触れておこう. 普通の集合においては, 同じ元の複数個のコピーが同じ集合に属することは認めていないが, この制限を緩和して, 同じ元が複数個含まれることを許したものを**多重集合** (multiset) またはバッグ (bag) と呼ぶ.

例 2.35

$$P = \{1,1,1,5,5,10,50,50,100,100,100,500\}$$

は 12 個の元からなる多重集合である. 普通の集合との区別を強調するために, 括弧の種類を変えて

$$P = [1,1,1,5,5,10,50,50,100,100,100,500]$$

と表す場合もあるが, 本書では中括弧を使い続けることにする. 普通の集合の場合と同じく, P に属する元の個数を $|P|$ で表す. 今の場合は $|P| = 12$ である.

これはたとえば「小銭入れの中に 1 円硬貨が 3 枚, 5 円硬貨が 2 枚, 10 円硬貨が 1 枚, 50 円硬貨が 2 枚, 100 円硬貨が 3 枚, 500 円硬貨が 1 枚入っている」といった状況を表すのに使える. 100 円硬貨は 3 枚あり, それらは物質と

しては異なるものであるが，価値は同じなので区別する必要はない，ということが，同じ元 100 が 3 回重複して含まれていることによって表現される． □

例 2.36 3 次方程式 $(x-1)^2(x+1)=0$ の解の全体は $\{-1,1\}$ という集合であるが，重解 1 は 2 回数えてむしろ多重集合 $\{-1,1,1\}$ と考えるほうが都合が良いことも多い．一般に n 次式 $f(x)$ が

$$f(x) = a(x-\alpha_1)(x-\alpha_2)\cdots(x-\alpha_n) \quad (a \neq 0)$$

と因数分解するとき，n 次方程式 $f(x)=0$ の解の全体は多重集合

$$\{\alpha_1, \alpha_2, \ldots, \alpha_n\}$$

と考えるのである．すると，重解があろうがなかろうが，解の全体がなす多重集合は常にちょうど n 個の元からなるので，すっきりとしている． □

多重集合

$$P = \{1,1,1,5,5,10,50,50,100,100,100,500\}$$

において，$1,5,10,50,100,500$ がそれぞれ何個ずつ入っているかが見やすい表記法があると便利である．そこで，上のような多重集合を

$$P = \{(1,3),(5,2),(10,1),(50,2),(100,3),(500,1)\}$$

または

$$P = \begin{pmatrix} 1 & 5 & 10 & 50 & 100 & 500 \\ 3 & 2 & 1 & 2 & 3 & 1 \end{pmatrix}$$

のように表すこともある．

多重集合においても部分集合，和集合，共通集合といった概念が考えられるが，定義をしかるべく修正する必要がある．そのためには上で導入した記法が都合が良い．

$$A = \begin{pmatrix} x_1 & \cdots & x_k \\ m_1 & \cdots & m_k \end{pmatrix}, \qquad B = \begin{pmatrix} x_1 & \cdots & x_k \\ n_1 & \cdots & n_k \end{pmatrix}$$

のとき

$$A \subset B \iff m_i \leq n_i \quad (i = 1, \ldots, k)$$

と定めるのが自然であろう．また

$$A \cup B := \begin{pmatrix} x_1 & \cdots & x_k \\ \max\{m_1, n_1\} & \cdots & \max\{m_k, n_k\} \end{pmatrix},$$

$$A + B := \begin{pmatrix} x_1 & \cdots & x_k \\ m_1 + n_1 & \cdots & m_k + n_k \end{pmatrix},$$

$$A \cap B := \begin{pmatrix} x_1 & \cdots & x_k \\ \min\{m_1, n_1\} & \cdots & \min\{m_k, n_k\} \end{pmatrix}$$

と定める（和集合の概念が $A \cup B$ と $A + B$ に細分化する）．

例 2.37 2 つの多重集合

$$A = \{a, a, a, b, b, c, c, c, c\} = \begin{pmatrix} a & b & c & d \\ 3 & 2 & 4 & 0 \end{pmatrix},$$

$$B = \{a, b, b, b, c, c, d\} = \begin{pmatrix} a & b & c & d \\ 1 & 3 & 2 & 1 \end{pmatrix}$$

に対して，

$$A \cup B = \begin{pmatrix} a & b & c & d \\ 3 & 3 & 4 & 1 \end{pmatrix} = \{a, a, a, b, b, b, c, c, c, c, d\},$$

$$A + B = \begin{pmatrix} a & b & c & d \\ 4 & 5 & 6 & 1 \end{pmatrix} = \{a, a, a, a, b, b, b, b, b, c, c, c, c, c, c, d\},$$

$$A \cap B = \begin{pmatrix} a & b & c & d \\ 1 & 2 & 2 & 0 \end{pmatrix} = \{a, b, b, c, c\}$$

である．また

$$C = \{a, b, b, c, c, c\} = \begin{pmatrix} a & b & c & d \\ 1 & 2 & 3 & 0 \end{pmatrix}$$

とおくと $C \subset A$ だが $C \not\subset B$ である．C の部分多重集合であって元の個数が 3 個であるものを列挙すると

$$\{a,b,b\},\quad \{a,b,c\},\quad \{a,c,c\},\quad \{b,b,c\},\quad \{b,c,c\},\quad \{c,c,c\}$$

の6つである. □

2.8 切り下げと切り上げ

実数 x に対して, x を越えない最大の整数を $\lfloor x \rfloor$ で表す. また, x 以上の最小の整数を $\lceil x \rceil$ で表す. つまり

$$n \in \mathbb{Z},\ n \leq x < n+1 \implies \lfloor x \rfloor = n$$

$$n \in \mathbb{Z},\ n-1 < x \leq n \implies \lceil x \rceil = n$$

である. 特に x が整数ならば $\lfloor x \rfloor = \lceil x \rceil = x$ であり, 整数でなければ $\lfloor x \rfloor < x < \lceil x \rceil$ である. $\lfloor x \rfloor$ を**床関数** (floor function), $\lceil x \rceil$ を**天井関数** (ceiling function) と呼ぶ.

例 2.38 $\lfloor 1.41 \rfloor = 1, \lceil 1.41 \rceil = 2$ である. $\lfloor -3.14 \rfloor = -4, \lceil -3.14 \rceil = -3$ である. $\lfloor 2 \rfloor = \lceil 2 \rceil = 2$ である. □

例 2.39 $m \in \mathbb{Z}, n \in \mathbb{N}$ とする. m を n で割ったときの商と余りはそれぞれ

$$\left\lfloor \frac{m}{n} \right\rfloor,\quad m - n\left\lfloor \frac{m}{n} \right\rfloor$$

である. たとえば

$$\left\lfloor \frac{31}{7} \right\rfloor = 4,\quad 31 - 7 \times \left\lfloor \frac{31}{7} \right\rfloor = 31 - 28 = 3$$

なので $31 \div 7 = 4 \cdots 3$ である. □

例 2.40 $m, n \in \mathbb{N}$ とする. m 以下の自然数のうち n の倍数であるものの個数は

$$\left\lfloor \frac{m}{n} \right\rfloor$$

に等しい. □

練習問題 2.16 $\lfloor 1-\sqrt{5} \rfloor, \lceil 1-\sqrt{5} \rceil$ をそれぞれ求めよ.

2.9 順　　序

空集合ではない集合 X において，任意に 2 元 $x, y \in X$ をとったとき，x と y の間に「関係がある」か「関係がない」かのいずれかが明確に定まるとき，その「関係」を X の**二項関係** (binary relation) と呼ぶ．たとえば $\mathbb{R}$ における大小関係 $x \leq y$ や，$\mathbb{N}$ における整序関係 $m \mid n$ などは二項関係である．

注意　形式的には，$X \times X$ の部分集合のことを X の二項関係と呼ぶ．つまり $R \subset X \times X$ を 1 つ選べば，$(x, y) \in R$ のときに「x と y の間に関係がある」と定めることで二項関係ができる．

空集合ではない集合 X に二項関係 $\leqslant$ が定まっていて，条件

(1) $x \leqslant x$

(2) $x \leqslant y$ かつ $y \leqslant x \implies x = y$

(3) $x \leqslant y$ かつ $y \leqslant z \implies x \leqslant z$

を満たすとき，$\leqslant$ は X 上の**半順序** (partial order) であるという．このとき，X は二項関係 $\leqslant$ によって**半順序集合** (poset) をなすという．$(X, \leqslant)$ のように，集合と半順序のペアとして表すこともある．

例 2.41　U を集合として U のすべての部分集合を集めた集合を $X = 2^U$ とすると，X は二項関係 $\subset$ によって半順序集合をなす．□

例 2.42　整数 a, b に対して，a が b を割り切る（b が a の倍数である）ことを記号で $a \mid b$ と表す．たとえば

$$2 \mid 8, \quad 7 \mid 63, \quad 11 \mid 1331$$

といった具合である．

$N \in \mathbb{N}$ として N のすべての正の約数を集めた集合を

$$X = \{n \in \mathbb{N} \,|\, n \mid N\}$$

とすると，X は二項関係 $\mid$ によって半順序集合をなす．□

半順序集合 $(X, \leqslant)$ において，X の元を点で表し，$x, y \in X$ に対して

- $x \leqslant y$ である
- $x \leqslant z \leqslant y$ を満たす $z \in X$ は x か y のどちらかだけである

のときに x と y を表す点を線で結ぶ，という風にしてできる図のことを，$(X, \leqslant)$ の**ハッセ図** (Hasse diagram) という．ハッセ図は，このあとすぐに登場するグラフの具体例になっている．

例 2.43 $U = \{a, b, c\}$ として $X = 2^U$ を考えると，$(X, \subset)$ のハッセ図は次のようになる：

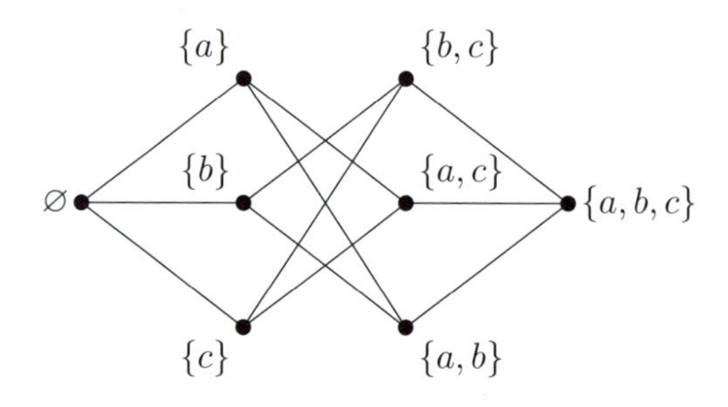

□

例 2.44 $X = \{n \in \mathbb{N} \,|\, n \mid 24\} = \{1, 2, 3, 4, 6, 8, 12, 24\}$ のとき，$(X, \mid)$ のハッセ図は次のようになる：

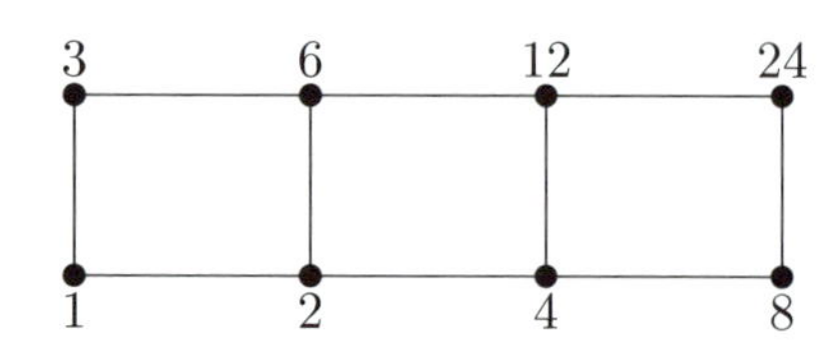

□

第 2 章　章末問題

問題 2.1　集合 A, B に対して

$$A = (A \setminus B) \cup (A \cap B), \quad B = (B \setminus A) \cup (A \cap B)$$

であることを確かめよ．

問題 2.2　集合 A, B に対して

$$A \subset B \iff A \cap B = A \iff A \cup B = B$$

であることを確かめよ．

問題 2.3　集合 A, B, C に対して

$$|A \cup B \cup C| = |A| + |B| + |C| - |A \cap B| - |A \cap C| - |B \cap C| + |A \cap B \cap C| \quad (2.2)$$

が成り立つ．なぜか？

問題 2.4　$\lceil x \rceil = -\lfloor -x \rfloor$ が成り立つことを証明せよ．

問題 2.5　n が整数のとき

$$\left\lfloor \frac{n}{2} \right\rfloor + \left\lceil \frac{n}{2} \right\rceil = n$$

が成り立つことを証明せよ．

問題 2.6　n が整数，x が実数のとき

$$\lfloor n + x \rfloor = n + \lfloor x \rfloor, \qquad \lceil n + x \rceil = n + \lceil x \rceil$$

が成り立つことを証明せよ．

問題 2.7　N を自然数とする．N 以下の自然数のうち，2 と 3 のどちらでも割り切れないものはいくつあるか？（ヒント：N 以下の自然数がなす集合を U とし，

$$A = \{n \in U \mid n \text{ は } 2 \text{ の倍数}\}, \quad B = \{n \in U \mid n \text{ は } 3 \text{ の倍数}\}$$

とおく．U を全体集合と考えれば，求める個数は $\left|\overline{A} \cap \overline{B}\right|$ である）

第3章
グ　ラ　フ

ネットワークからそのエッセンスである「関係性」を取り出して数学的に単純化したものがグラフである．グラフは離散数学における中心的存在の 1 つであり，本書でもこれ以降の話題はグラフを主たる舞台とする．この章では，グラフの数学的な定式化から始めて，グラフに関する基本的な概念や事実について紹介する．

3.1 グラフとは

グラフ (graph) とは，いくつかの事物の間の関係性がなすネットワークを単純化・抽象化したものである．事物を「点」で表し，2 つの点（= 事物）の間に関係があることを，それらの点を「線」で結ぶことで表す．つまりグラフとは，いくつかの「点」と，それらを結ぶ「線」の集まりのことである．ちょっと曖昧な物言いだが，きちんとした定義は後で述べる．

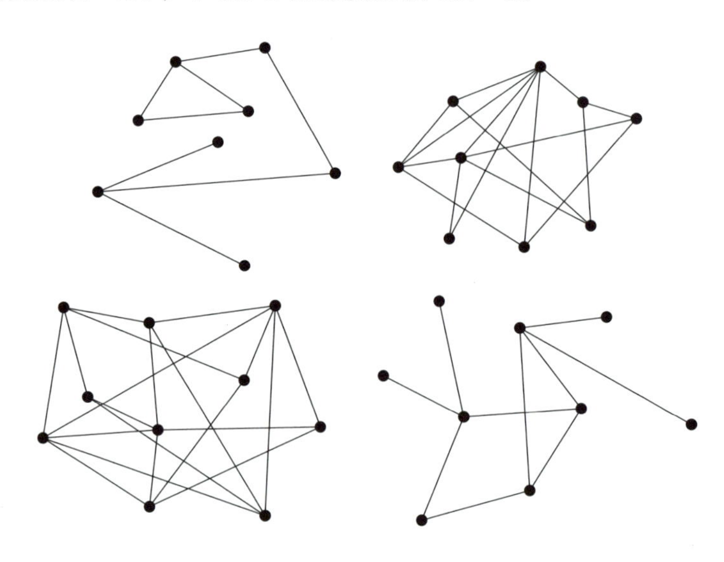

例 3.1 電子回路図，路線図，進化系統樹，組織図などはグラフの現実的な例である． □

「点」のことを**頂点** (vertex) または**ノード** (node) と呼び，頂点の間を結ぶ「線」のことを**辺** (edge) と呼ぶ．辺の結び方に関して，次のような約束をしておこう．

- 辺は異なる 2 つの頂点間にのみ結ぶ
- 2 つの頂点を複数の辺で結ぶことはしない

このようなグラフを**単純グラフ** (simple graph) と呼ぶ．本書では主に単純グラフを扱うので，「グラフ」といったら「単純グラフ」のことであるとしよう．

注意 同じ頂点を結ぶ辺をループと呼び，2 つの頂点の間に複数の辺を結ぶときそれを多重辺と呼ぶ．ループや多重辺を認めたグラフを擬グラフまたは多重グラフと呼ぶ．これらについては第 5 章で簡単に紹介する．

グラフを考えるときの大切なポイントは，それがネットワークの関係性を表現しているということである．なので，たとえば辺を表す線をまっすぐな線分で表すか曲線で表すか，といった違いは気にしないし，見た目が違っていても同じ関係性を表していれば，それらは「同じ」グラフであると考える．

上に挙げた例の絵では 2 つの辺が頂点以外の場所で交わっているように見える箇所がいくつかあるが，それらは単に重なって見えているだけでネットワークとしてはつながっておらず，一方の辺が他方の辺を「またいでいる」，つまり

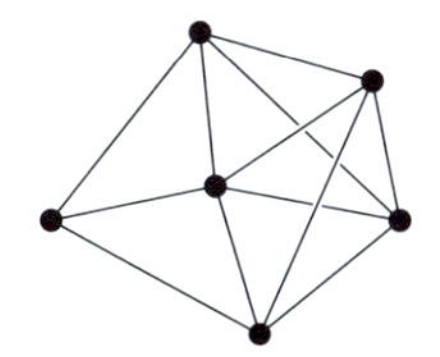

のような状況だと考える．

注意 もっとも，たとえば電子回路の場合だと，2 つの辺が接触するとそこで「短絡 (ショート)」が起こるので，異なる辺は重ならないように回路を設計しなくてはならない．つまり，平面にグラフを描いたときに頂点以外では辺が交わらないように描けるかどうかを問題とする場合があり，そのような描き方が可能なグラフを**平面グラフ** (planar graph) と呼ぶ．

頂点の個数を，そのグラフの**位数** (order) という．辺の本数を，そのグラフの**サイズ** (size) という．グラフを G で表すとき，G の位数を $|G|$ で，G のサイズを $\|G\|$ でそれぞれ表す．

例 3.2

$G =$
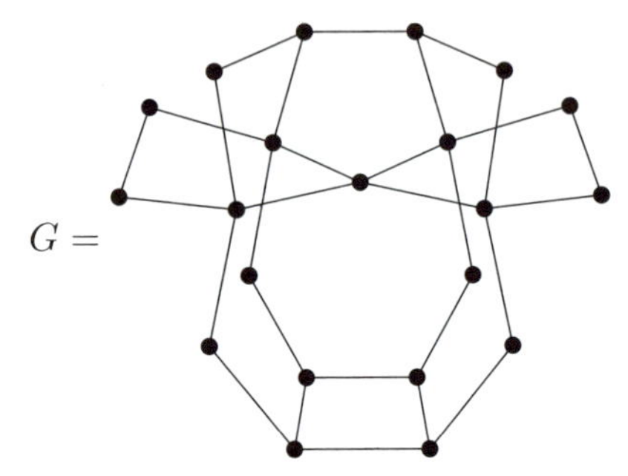

とすると，$|G| = 21$, $\|G\| = 29$ である．

練習問題 3.1

$G =$
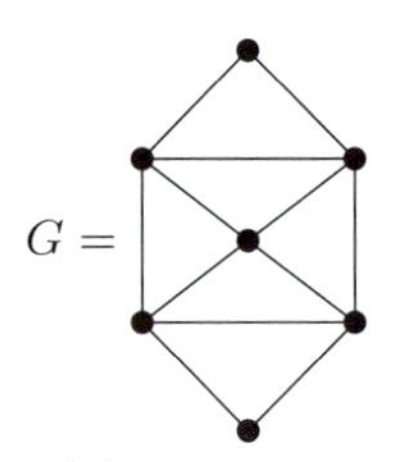

とする．$|G|$ と $\|G\|$ はそれぞれいくらか？

3.2 集合の言葉を用いたグラフの定式化

前の節では「ネットワークを単純化・抽象化して，事物とそれらの間の関係性を点と線で表したもの」としてグラフを紹介した．人間にとって，視覚的に表現されたグラフは情報が一望できて便利であるが，しかし，計算機にグラフについての問題を解かせたいとすると，グラフの情報を計算機が扱いやすい形式で表現しておくことが大切である．そのために，集合の言葉を用いてグラフの正式な定義をしておこう．

グラフを規定するのは「どのような頂点があるか」「どの頂点とどの頂点の間に辺があるか」という情報である．

グラフの頂点の全体を1つの集合で表すとしよう．その集合を仮に V とおく．グラフの辺はその両端点によって表すことができる．つまり異なる2元 $x, y \in V$ に対して「x と y を結ぶ辺」という形で，グラフの辺は表される．そのような辺を表現するには，x, y を元とする集合 $\{x, y\}$ を使えば良いだろう．

例 3.3 あるグラフ G について，次のような情報が与えられているとしよう：

> グラフ G には頂点が4つある．それら頂点に $1, 2, 3, 4$ と番号を割り振っておく．1と2，2と3，2と4，3と4はそれぞれ辺で結ばれており，それ以外に辺はない．

この情報から，グラフ G がどのようなものか完全に分かる．

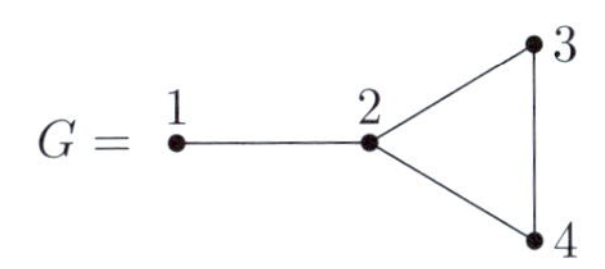

グラフ G の頂点のデータは

$$V = \{1, 2, 3, 4\}$$

という集合で表されるといって良いだろう．そして，グラフ G の辺のデータは，どの2つの頂点を結ぶかの情報，つまり

$$E = \{\{1, 2\}, \{2, 3\}, \{2, 4\}, \{3, 4\}\}$$

という「頂点の集合 V の相異なる2つの元からなる集合」の集合で表されるといえる． □

この例が示すように，グラフとは，頂点の集合 V と辺の集合 E という2種類のデータからなる．そして辺は「頂点の集合 V の相異なる2つの元からなる集合」として表されるので，E は V の2元集合の全体 $\binom{V}{2}$ の部分集合である．

というわけで，グラフの形式的な定義は次のようにすれば良い．

定義 3.4 グラフとは，集合 V と，$\binom{V}{2}$ の部分集合 E のペア (V, E) のことである．V の元を**頂点**，E の元を**辺**と呼ぶ．

頂点の集合が V で辺の集合が E であるようなグラフを G とすることを，式で $G=(V,E)$ と書く．このとき，G の位数 $|G|$ とは $|V|$ のことだし，G のサイズ $\|G\|$ とは $|E|$ のことである：

$$|G|=|V|,\quad \|G\|=|E|.$$

まぎれがない限り，頂点 x,y を結ぶ辺 $\{x,y\}$ のことを簡単に xy または yx と略記しても良いことにする．たとえば例 3.3 における

$$E=\{\{1,2\},\{2,3\},\{2,4\},\{3,4\}\}$$

は簡単に

$$E=\{12,23,24,34\}$$

と表せることになる．

注意　グラフを表すのに（graph の頭文字である）G という文字を使うことが多いが，これは単に連想を助けるための慣用であって，だから別に X とか Y といった別の文字を使っても良い．

また，X で何らかのグラフを表すとき，X の頂点の集合を $V(X)$ で，X の辺の集合を $E(X)$ で表すことがある．つまり $X=(V(X),E(X))$ ということである．

$|G|=\infty$ であるようなグラフを**無限グラフ** (infinite graph) といい，$|G|$ が有限値であるようなグラフを**有限グラフ** (finite graph) という．

特に断りのない限り，単にグラフといったら有限グラフのこととする．無限グラフについては，2 つほど簡単な具体例を挙げるに留める．

例 3.5　グラフ $G=(V,E)$ を

$$V=\mathbb{Z},\quad E=\{\{n,n+1\}\,|\,n\in\mathbb{Z}\}$$

で定めると G は無限グラフで，図示すると次のような両側に無限に続く 1 本道になる．

-4　-3　-2　-1　0　1　2　3　4　□

例 3.6　グラフ $G=(V,E)$ を

$$V=\mathbb{Z}\times\mathbb{Z},$$

$$E=\{\{(m,n),(m+1,n)\}\mid m,n\in\mathbb{Z}\}\cup\{\{(m,n),(m,n+1)\}\mid m,n\in\mathbb{Z}\}$$

で定めると G は無限グラフで，図示すると次のような無限に広がる格子になる．

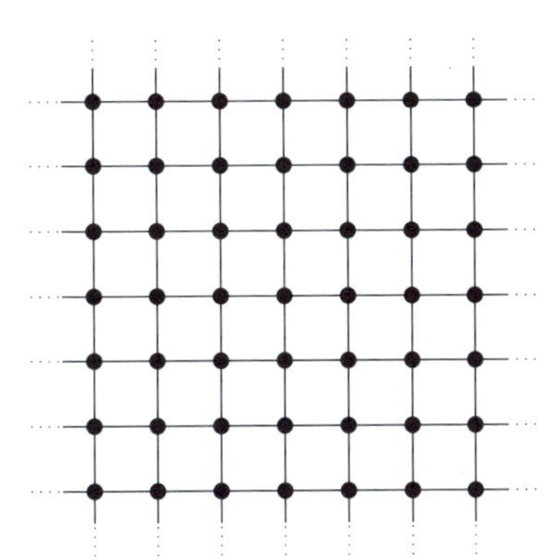

□

例 3.7　3.1 節の冒頭に挙げた例のうちの 1 つを

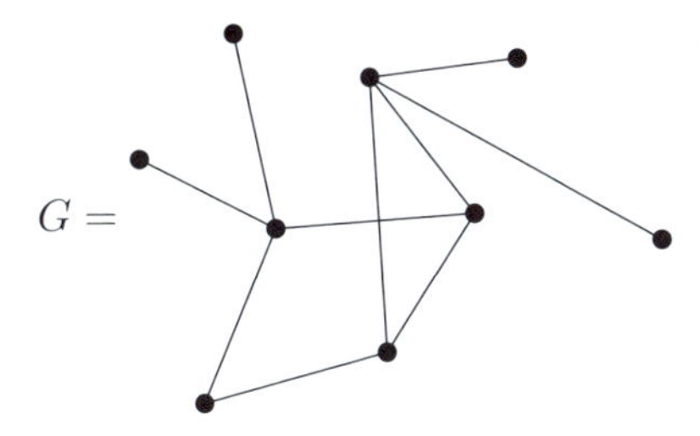

として，これを形式的に表してみよう．G の頂点に適当に名前を付けて

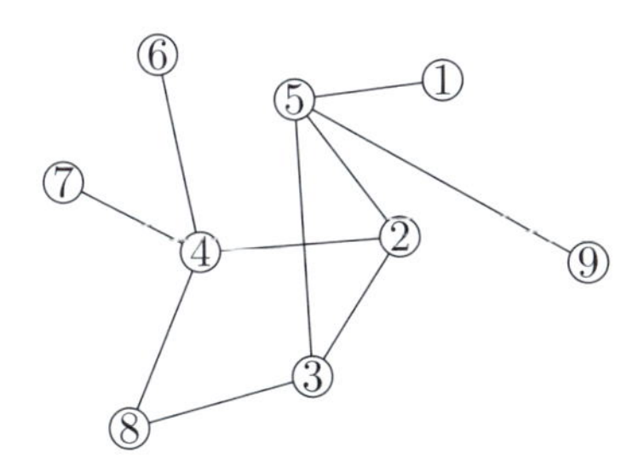

とすれば，頂点の集合が $V = \{1, 2, 3, 4, 5, 6, 7, 8, 9\}$ で，辺の集合が

$$E = \{15, 23, 24, 25, 35, 38, 46, 47, 48, 59\}$$

であるようなグラフを図示したものと考えることができる． □

例題 3.8

頂点集合が $V = \{a, b, c, d\}$ で，辺の集合が

$$E = \{ab, ac, ad, bd, cd\}$$

であるようなグラフを図示せよ．

【解答】 たとえば次のようになる．

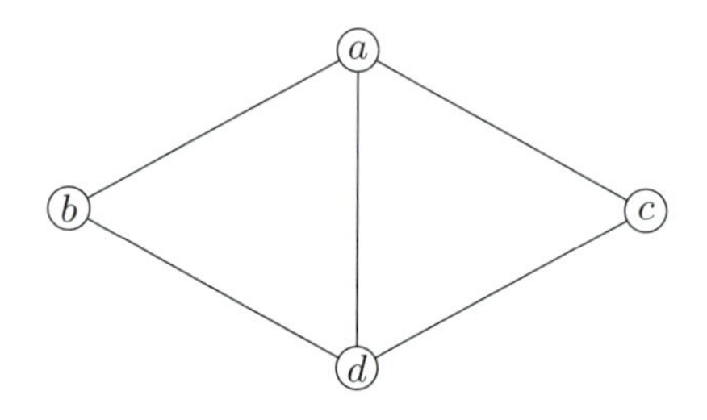

図示の仕方は 1 通りではない．たとえば次のように描いても良い．

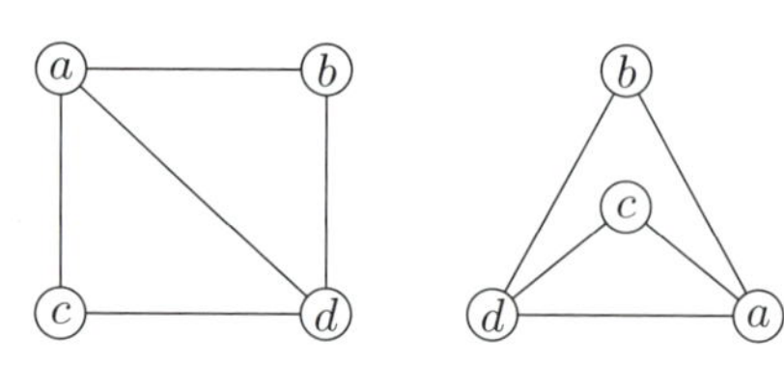

□

練習問題 3.2 頂点の集合 V と辺の集合 E が次のように与えられているとき，それらが表すグラフ (V, E) を図示せよ．

(1) $V = \{1, 2, 3, 4\}$, $E = \{12, 23, 34, 41\}$

(2) $V = \{a, b, c, d, e\}$, $E = \{ab, ac, bc, bd, ce, de\}$

(3) $V = \{v_1, v_2, v_3, v_4, v_5, v_6\}$, $E = \{v_1v_2, v_1v_3, v_1v_4, v_1v_5, v_1v_6\}$

(4) $V = \{1, 2, 3, 4, 5, 6, 7\}$, $E = \{12, 13, 14, 45, 56, 57\}$

練習問題 3.3 3.1 節の冒頭に挙げたグラフの例のそれぞれにおいて，頂点に適当に名前を付けて，頂点の集合 V と辺の集合 E を書け．

3.3 いくつかのグラフの例

先に進む前に，ここで簡単な，そして名前の付いているグラフの例をいくつか挙げておきたい．

完全グラフ

n を自然数とし，V は n 個の元からなる集合とする（たとえば $V = \{1, 2, \ldots, n\}$ と思えば良い）．$E = \binom{V}{2}$ のとき，つまり E が V のすべての2元部分集合からなるとき，グラフ (V, E) は位数 n の**完全グラフ** (complete graph) であるという．位数 n の完全グラフを $\mathcal{K}_n$ で表す．要するに，完全グラフとはすべての相異なる頂点間に辺が結ばれているようなグラフである．いくつか絵を描いてみよう．

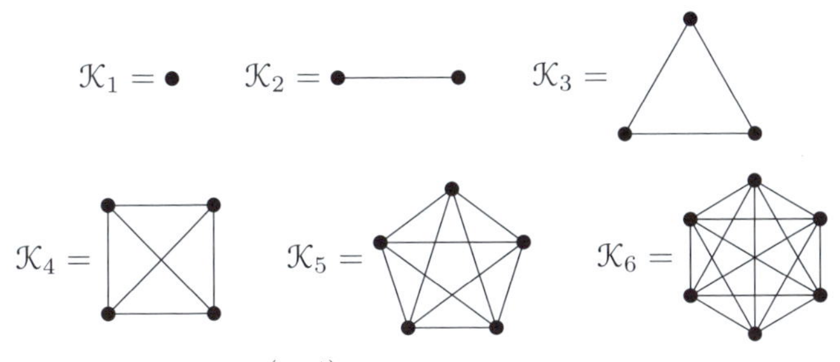

$|\mathcal{K}_n| = n$, $\|\mathcal{K}_n\| = \binom{n}{2} = \frac{n(n-1)}{2}$ である．

無辺グラフ

n を自然数とし，V は n 個の元からなる集合とする．$E = \varnothing$ のとき，グラフ (V, E) は位数 n の**無辺グラフ** (empty graph) であるという．位数 n の無辺グラフを $\overline{\mathcal{K}_n}$ で表す．たとえば $\overline{\mathcal{K}_5}$ を描くと

$$\overline{\mathcal{K}_5} = \bullet\quad\bullet\quad\bullet\quad\bullet\quad\bullet$$

となる．

注意 辺が1つもないグラフのことを**空グラフ**とも呼ぶ．頂点が1つもないグラフ，つまり $(\varnothing, \varnothing)$ のことも空グラフと呼ぶことが多いが，紛らわしいので，ここではひとまず無辺グラフと呼んでみている．

● 道

n を自然数とし，V は $n+1$ 個の元からなる集合とする．$V = \{v_0, v_1, \ldots, v_n\}$ としておこう．このとき，

$$E = \{v_i v_{i+1} \mid i = 0, 1, \ldots, n-1\}$$

として，グラフ (V, E) を長さ n の**道** (path) と呼び，記号 $\mathcal{P}_n$ で表す．たとえば $\mathcal{P}_4$ を描くと

$$\mathcal{P}_4 =$$

となる．$|\mathcal{P}_n| = n+1$, $\|\mathcal{P}_n\| = n$ である．

● サイクル

n を 3 以上の自然数とし，V は n 個の元からなる集合とする．$V = \{v_1, v_2, \ldots, v_n\}$ としておこう．このとき，

$$\begin{aligned} E &= \{v_i v_{i+1} \mid i = 1, 2, \ldots, n-1\} \cup \{v_n v_1\} \\ &= \{v_1 v_2, v_2 v_3, \ldots, v_{n-1} v_n, v_n v_1\} \end{aligned}$$

として，グラフ (V, E) を位数 n の（あるいは長さ n の）**閉路** (closed path) または**サイクル** (cycle) と呼び，記号 $\mathcal{C}_n$ で表す．たとえば $\mathcal{C}_5$ を描くと

$\mathcal{C}_5 =$ 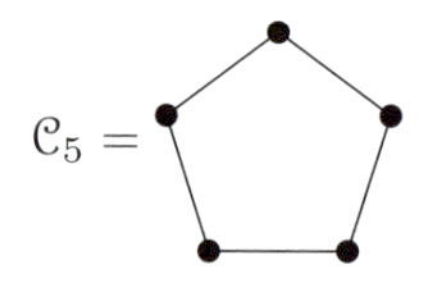

となる．$|\mathcal{C}_n| = n$, $\|\mathcal{C}_n\| = n$ である．

多面体グラフ

多面体の頂点と辺はグラフを定めていると考えられる．多面体が定めるグラフを**多面体グラフ** (polyhedral graph) と呼ぶ．

例 3.9 たとえば 5 つの正多面体

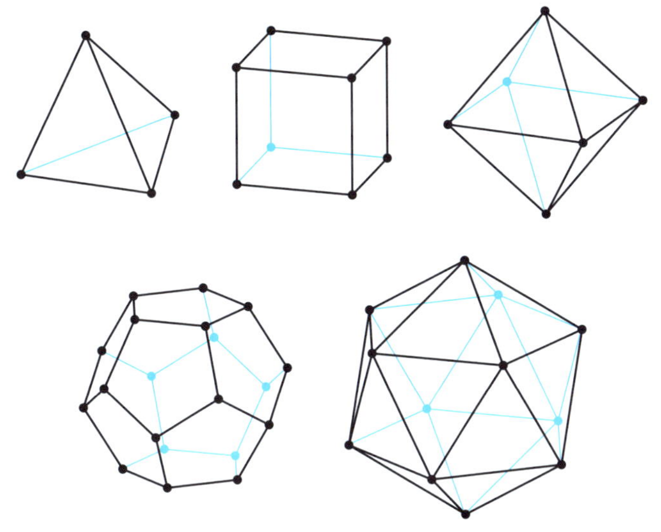

はそれぞれ

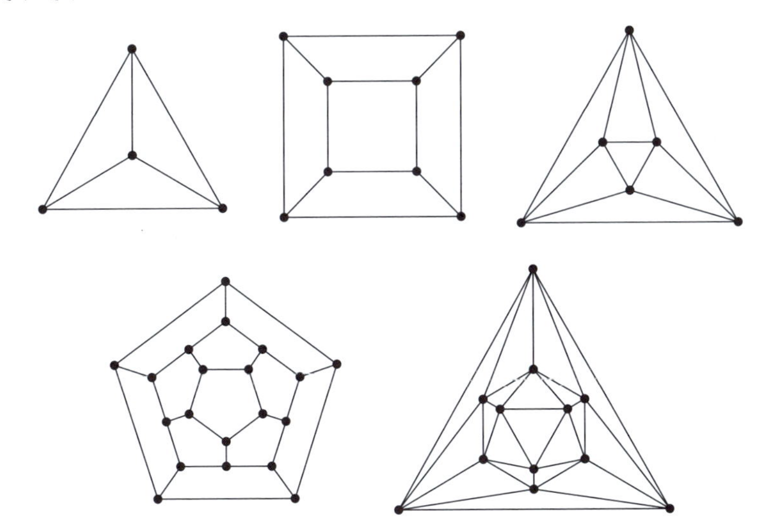

のようなグラフを定めている．それぞれを正四面体グラフ，立方体グラフ，正八面体グラフ，正十二面体グラフ，正二十面体グラフと呼ぶのは自然だろう．これら5つをまとめて**正多面体グラフ**と呼ぼう． □

練習問題 3.4 多面体グラフは平面グラフである．なぜだろうか？

3.4 隣接と接続

頂点 v, w が辺 e で結ばれるとき，v と w を e の**端点** (endvertices) という．またこのとき v と w は**隣接する** (adjacent) といい，さらに v と w は e に**接続する** (incident) という．v と w が隣接することを $v \sim w$ で表す．v と w が隣接しないとき，v と w は**独立** (independent) であるという．

辺 e, f が共通の端点を持つとき，e と f は隣接するといい，そうでないとき e と f は独立であるという．

例 3.10 $V = \{1,2,3,4,5,6,7\}$, $E = \{12,14,16,23,35,37,47,56,67\}$ を頂点と辺とするグラフ $G = (V, E)$ を考える．

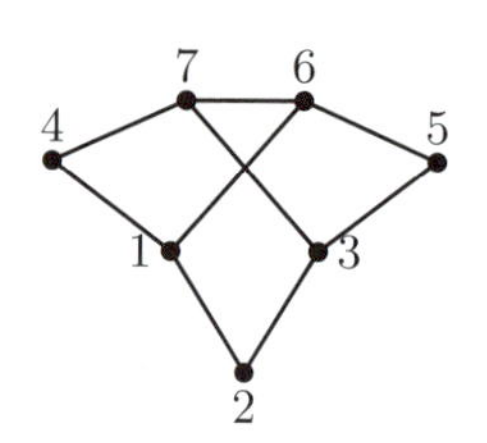

たとえば3と7は隣接しているが，3と6は独立である．また12と23は隣接しているが，12と35は独立である． □

練習問題 3.5 例3.10のグラフ G で，頂点6と独立な頂点をすべて挙げよ．また，辺37と独立な辺をすべて挙げよ．

頂点 v に対して，v に隣接する頂点の全体がなす集合を $\mathcal{N}(v)$ で表し，v の**近傍** (neighborhood) と呼ぶ．つまり

$$\mathcal{N}(v) = \{w \in V \mid v \sim w\} = \{w \in V \mid vw \in E\}$$

ということである．言葉は難しいが，要は v の「ご近所」ということである．

また v に接続している辺の全体がなす集合を $E(v)$ で表す．つまり

$$E(v) = \{e \in E \mid v \in e\}$$

である．

例題 3.11

例 3.10 のグラフ G において，$\mathcal{N}(7)$ と $E(1)$ をそれぞれ求めよ．

【解答】

$$\mathcal{N}(7) = \{3, 4, 6\}, \qquad E(1) = \{12, 14, 16\}$$

である．

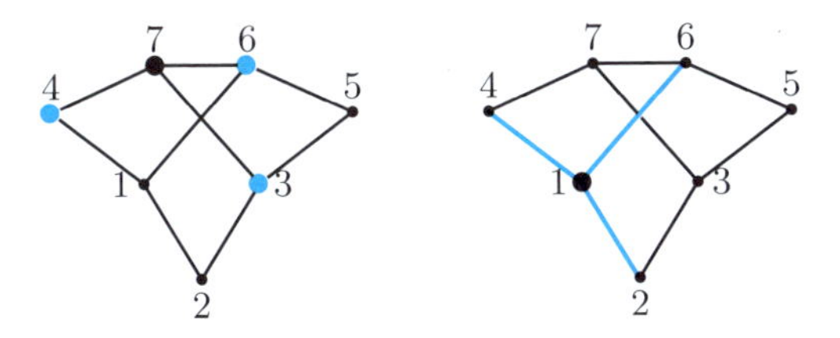

□

練習問題 3.6 例 3.10 のグラフ G で，$\mathcal{N}(3)$ と $E(3)$ をそれぞれ求めよ．

互いに関係する言葉や記号がいくつか出てきたので，整理してまとめておく：$v, w \in V$, $e \in E$ に対して，

$$\begin{aligned} v \text{ が } e \text{ の端点である} &\iff v \text{ が } e \text{ に接続する} \\ &\iff v \in e \\ &\iff e \in E(v) \end{aligned}$$

$$v \text{ と } w \text{ が } e \text{ の端点である} \iff e = vw$$

$$\begin{aligned} v \text{ と } w \text{ が隣接する} &\iff v \sim w \\ &\iff vw \in E \\ &\iff w \in \mathcal{N}(v) \\ &\iff v \in \mathcal{N}(w) \end{aligned}$$

である．

3.5 頂点の次数

頂点 v に接続する辺の本数を v の**次数** (degree) といい $\deg(v)$ で表す．つまり

$$\deg(v) = |E(v)|$$

ということである．次数が 0 の頂点とは辺がまったく出ていない頂点ということであるが，そのような頂点を**孤立点** (isolated vertex) と呼ぶ．

例 3.12 グラフ $G = (V, E)$ は，頂点集合と辺集合がそれぞれ

$$V = \{v_1, v_2, v_3, v_4, v_5, v_6, v_7, v_8\},$$
$$E = \{v_2v_8, v_3v_6, v_3v_7, v_3v_8, v_5v_8, v_6v_8\}$$

であるようなものとしよう．G を図示すると，たとえば

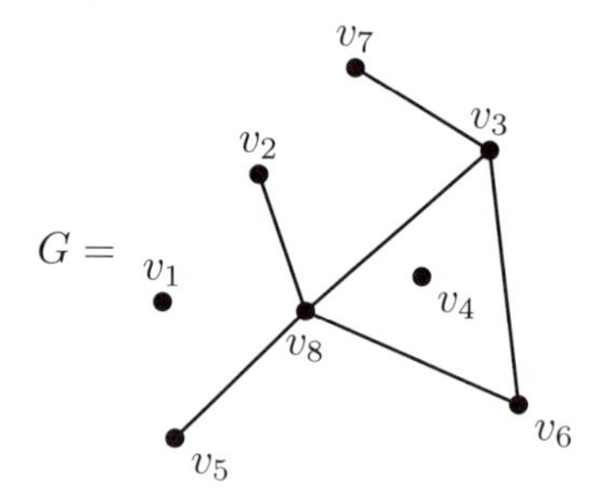

のようになる．

$$\mathcal{N}(v_1) = \varnothing, \quad \mathcal{N}(v_2) = \{v_8\}, \quad \mathcal{N}(v_3) = \{v_6, v_7, v_8\},$$
$$\mathcal{N}(v_4) = \varnothing, \quad \mathcal{N}(v_5) = \{v_8\}, \quad \mathcal{N}(v_6) = \{v_3, v_8\},$$
$$\mathcal{N}(v_7) = \{v_3\}, \quad \mathcal{N}(v_8) = \{v_2, v_3, v_5, v_6\}$$

であり，また

$$E(v_1) = \varnothing,$$
$$E(v_2) = \{v_2v_8\},$$
$$E(v_3) = \{v_3v_6, v_3v_7, v_3v_8\},$$

$$\begin{aligned} E(v_4) &= \varnothing, \\ E(v_5) &= \{v_5v_8\}, \\ E(v_6) &= \{v_3v_6, v_6v_8\}, \\ E(v_7) &= \{v_3v_7\}, \\ E(v_8) &= \{v_2v_8, v_3v_8, v_5v_8, v_6v_8\} \end{aligned}$$

である．よって各頂点の次数は

$$\begin{gathered} \deg(v_1) = 0, \quad \deg(v_2) = 1, \quad \deg(v_3) = 3, \quad \deg(v_4) = 0, \\ \deg(v_5) = 1, \quad \deg(v_6) = 2, \quad \deg(v_7) = 1, \quad \deg(v_8) = 4 \end{gathered}$$

となる．v_1 と v_4 が孤立点である．

$$A = \{v_1, v_2, v_5, v_6, v_7\}$$

は独立な頂点集合の一例である．また

$$B = \{v_3v_6, v_5v_8\}$$

は独立な辺集合の一例である． □

練習問題 3.7 グラフ $G = (V, E)$ は

$$\begin{aligned} V &= \{1, 2, 3, 4, 5, 6, 7\}, \\ E &= \{13, 15, 35, 24, 46\} \end{aligned}$$

によって定まるものとする．各頂点の近傍と次数を求めよ．

練習問題 3.8 $\deg(v)$ は v に隣接する頂点の個数にも等しい，つまり

$$\deg(v) = |\mathcal{N}(v)|$$

である．なぜか？（これは多重グラフの場合には成り立たない）

練習問題 3.9 $G = (V, E)$ において，任意の $v \in V$ に対して

$$0 \leq \deg(v) < |G|$$

である．なぜか？

グラフの頂点の次数を大きい順に並べた数列を，そのグラフの**次数列** (degree sequence) と呼ぶ．

注意 次数列を「次数を小さい順に並べた数列」と定める流儀もあるが，情報としては同等である．

例 3.13 例 3.12 のグラフ G の次数列は

$$(4, 3, 2, 1, 1, 1, 0, 0)$$

である． □

例 3.14 下図のグラフを G とする：

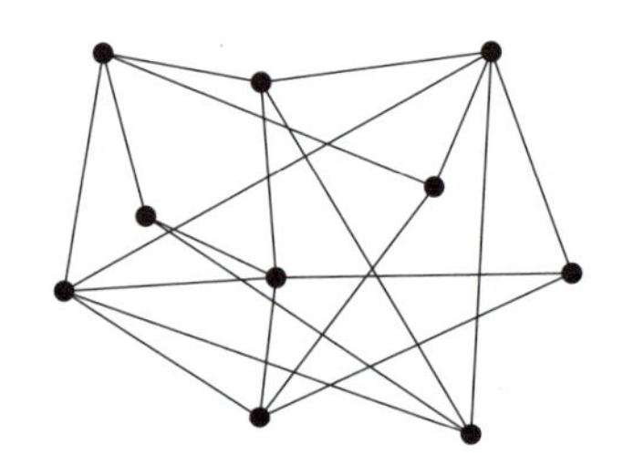

G の次数列は

$$(5, 5, 5, 4, 4, 4, 4, 3, 3, 3)$$

である． □

練習問題 3.10 例 3.2 のグラフの次数列を求めよ．

● 握手補題

とても簡単だが基本的な事実を 1 つ紹介しよう．

定理 3.15 **(握手補題)** グラフ $G = (V, E)$ において，G の頂点の次数の総和は，G の辺の本数の 2 倍に等しい．すなわち，$n = |V|$ とおいて $V = \{v_1, \ldots, v_n\}$ と頂点を名付けておけば

$$\sum_{k=1}^{n} \deg(v_k) = \deg(v_1) + \cdots + \deg(v_n) = 2\,|E|\,(= 2\,\|G\|)$$

が成り立つ．

注意 握手補題の左辺の和は

$$\sum_{v \in V} \deg(v)$$

と表すこともできる．この書き方だと，頂点に名前を付けておく必要がないという点で便利である．

[**証明**] グラフの辺を1つ描くごとにコストが2だけかかるとしよう．そして，そのコストは，辺の両端点が1ずつ負担するとする．頂点 v はコストを $\deg(v)$ だけ負担するから，頂点たちが負担するコストの総和は $\deg(v_1) + \cdots + \deg(v_n)$ である．この総和がすべての辺を描くのに必要な総コストに等しいが，その総コストは $2|E|$ である． □

視覚的に説明してみよう．各辺の両端点近くに2つの青い点を描く．

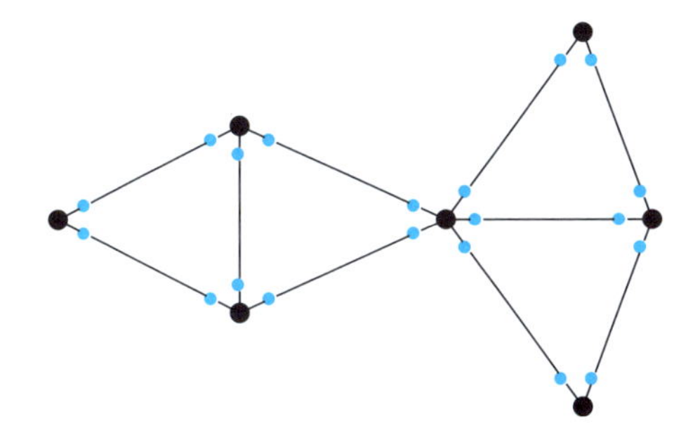

青い点の総数は辺の本数の2倍である．一方，各頂点の近くには次数の分だけ青い点が集まっているので，青い点の総数は次数の総和でもある．

例 3.16 グラフ G が次のようなものであるとしよう．

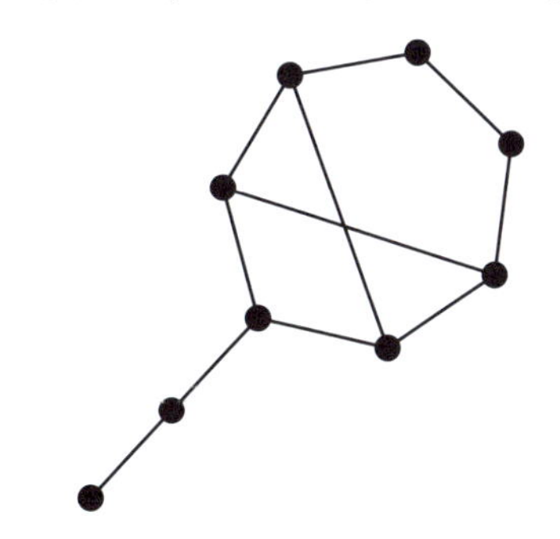

$|G| = 9$, $\|G\| = 11$ である．また G の次数列は

$$(3,3,3,3,3,2,2,2,1)$$

である．よって G の次数の総和は

$$3+3+3+3+3+2+2+2+1=22$$

となるが，これは確かにサイズの 2 倍 $2\|G\|=22$ に等しい． □

練習問題 3.11 下図のグラフを G とする．

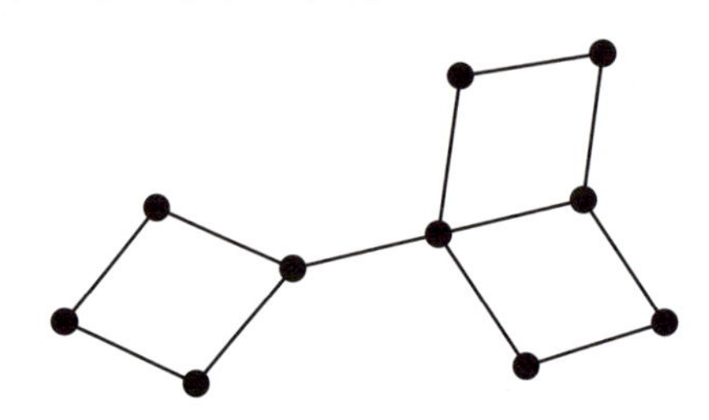

G の位数，サイズ，次数列を求め，G において握手補題が成り立つことを確かめよ．

グラフ G において，次数が奇数である頂点が $x_1,\ldots,x_m$ の m 個で，次数が偶数である頂点が $y_1,\ldots,y_n$ の n 個であるとする．握手補題によると，グラフの頂点の次数の総和

$$\sum_{i=1}^{m}\deg(x_i)+\sum_{j=1}^{n}\deg(y_j)$$

は偶数である．$\deg(y_j)$ $(j=1,\ldots,n)$ はすべて偶数なので

$$\sum_{i=1}^{m}\deg(x_i)$$

も偶数である．奇数の奇数個の和は奇数なので，これが偶数であるためには m は偶数でなければならない．よって次の命題が手に入った．

命題 3.17 グラフにおいて，次数が奇数であるような頂点の個数は偶数である．

正則グラフ

すべての頂点の次数が等しいグラフを**正則グラフ** (regular graph) と呼ぶ．より精密に，すべての頂点で次数が一定の値 d であるとき，そのグラフは **d-正則グラフ** (d-regular graph) であるという．

例 3.18 以下の図にあるグラフは左から順に 1-正則グラフ，2-正則グラフ，3-正則グラフ，4-正則グラフ，5-正則グラフである．

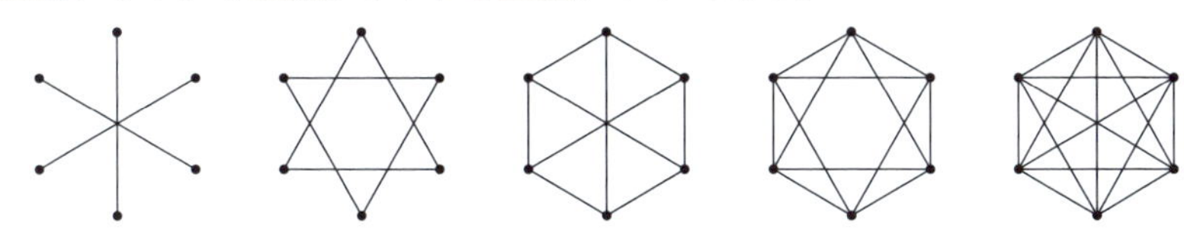

□

例 3.19 次のグラフ

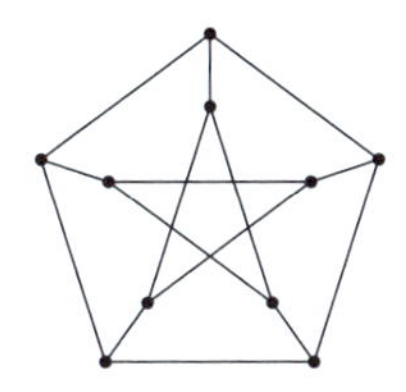

は 3-正則グラフである．このグラフには**ピーターセングラフ** (Petersen graph) という名前が付いている． □

練習問題 3.12 例 3.9 にある正多面体グラフたちはいずれも正則グラフであることを確かめよ．

G が位数 n の d-正則グラフであるとすると，握手補題により

$$2\,|E| = \sum_{v \in V} \deg(v) = dn$$

である．よって，n と d がいずれも奇数であるとき，位数 n の d-正則グラフは存在しない．

練習問題 3.13 以下のグラフの具体例をそれぞれ 1 つずつ挙げよ（絵を描け）．

(1) 位数 7 の 4-正則グラフ．

(2) 位数 8 の 3-正則グラフ．

(3) 位数 8 の 4-正則グラフ．

一般に n と d のどちらか一方が偶数かつ $d < n$ ならば，n 個の頂点を持つ d-正則グラフは存在する．

練習問題 3.14 位数 12 の 7-正則グラフは辺をいくつ持つか？

3.6 グラフの同型と不変量

$G = (V, E)$ と $G' = (V', E')$ をグラフとする．写像 $f\colon V \to V'$ であって，$x, y \in V$ に対して

$$\{x, y\} \in E \iff \{f(x), f(y)\} \in E'$$

が成り立つとき（つまり f によって写す前と後とで隣接関係の有無を保つとき），G と G' は**同型** (isomorphic) なグラフであるといい，

$$G \cong G'$$

と表す．また，このとき f を G から G' への**同型写像** (isomorphism) と呼ぶ．

記号的にきちんと表現すると難しそうに見えるが，これは要するに「G と G' は，頂点の名前の付け方（あるいは描かれ方）が違うだけで，ネットワークとしては同じものである」ことをいっているに過ぎない．

例 3.20 正四面体グラフと $\mathcal{K}_4$ は同型である． □

例 3.21 以下の 4 つのグラフ

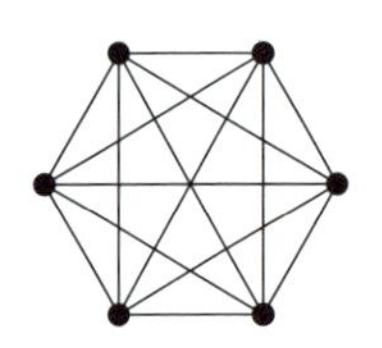
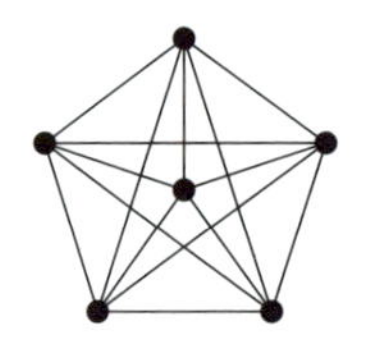
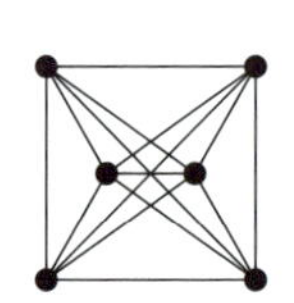
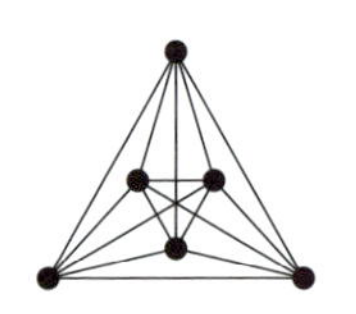

は，見た目は違うが互いに同型なグラフである． □

命題 3.22 G, G', G'' をグラフとするとき，
(1) $G \cong G$
(2) $G \cong G' \implies G' \cong G$
(3) $G \cong G'$, $G' \cong G'' \implies G \cong G''$
が成り立つ．

2つのグラフ $G = (V, E)$ と $G' = (V', E')$ が同型なグラフならば，それらの位数（頂点の個数）やサイズ（辺の本数）は相等しい，つまり

$$|G| = |G'|, \quad \|G\| = \|G'\|$$

のはずである．また，対応する頂点の次数は互いに相等しいはずなので，G の次数列と G' の次数列も一致するはずである．

これらのように，グラフに対して定義される量であって，同型なグラフに対しては等しくなるもののことをグラフの**不変量** (invariant) と呼ぶ．今見たように「頂点の個数」「辺の本数」「次数列」はグラフの不変量であるといえる．これから先にも，色々なグラフの不変量が現れる．

グラフの不変量の1つの用途として，2つのグラフが同型かどうか（特に同型ではないこと）の簡易的なチェックに使える．たとえば G と G' が同型ならば辺の本数は等しいはずなので，G と G' のサイズが異なれば「G と G' は同型ではない」と結論できる．

2つのグラフ G と G' のある不変量が異なれば同型でないといえるが，ある不変量が一致しても G と G' が同型であるとは限らない．たとえば G と G' の次数列が一致したからといって G と G' が同型であるとはいえない．これはたとえば，誕生日が同じだからという理由だけで同一人物と決めつける訳にはいかない，というのと同じである．

練習問題 3.15 次数列が $(4, 3, 2, 2, 2, 1)$ のグラフにはどのようなグラフがあるか？（ヒント：互いに同型でないものが4個ある）

● 「同型」と「同じ」

グラフ理論においては，同型なグラフはネットワークのあり方が同じで，頂点や辺の名前の付けられ方が異なるだけなので「同じグラフ」と考えることも多い．なので，$G \cong G'$ であるとき，それを $G = G'$ と書いてしまうこともある．本書でも，誤解がなさそうな場合には「同型なグラフ」を「同じグラフ」とみなすことがある．

例 3.23 $\mathcal{K}_1 = \mathcal{P}_0, \mathcal{K}_2 = \mathcal{P}_1, \mathcal{K}_3 = \mathcal{C}_3$ と考える． □

● 位数の小さなグラフの分類

位数を決めたとき，互いに同型でないようなグラフがいくつあるかを調べてみよう．

位数1のグラフは自明なグラフ $\mathcal{K}_1$ の1つしかない．位数2のグラフは

の2つしかない．

位数3のグラフは次のいずれかに同型である，つまり位数3のグラフは

の4個である．実際，$V = \{1, 2, 3\}$ を頂点とするグラフをすべて列挙すると

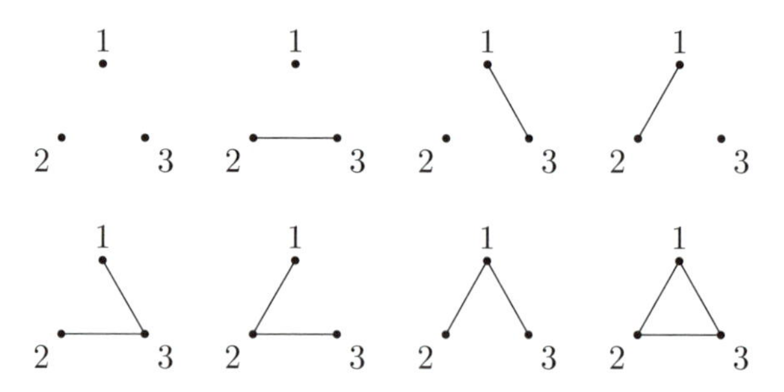

の8つだが，2つめから4つめは互いに同型で，5つめから7つめも互いに同型である．上に掲げた4つのグラフは，どの2つも同型ではない．辺の本数が異なるからである．

位数 4 のグラフは次の 11 個のグラフのうちのいずれかに同型である．

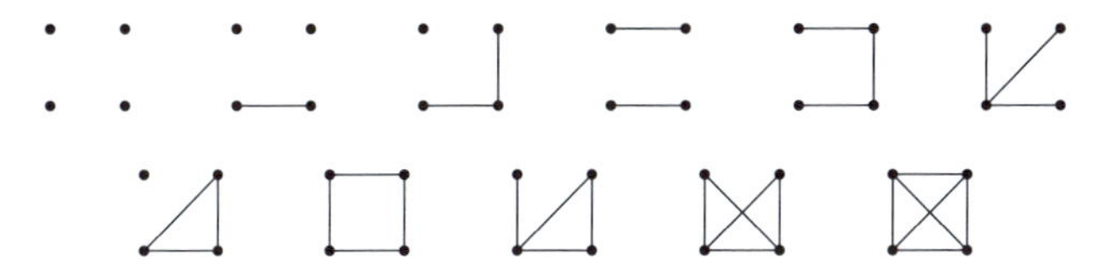

練習問題 3.16　上に掲げた 11 個のグラフは，どの 2 つも同型ではないことを確かめよ（ヒント：それぞれの次数列を求めてみよ）．

練習問題 3.17　$V=\{1,2,3,4\}$ を頂点集合とするグラフをすべて列挙し，それらのいずれも上に掲げた 11 個のグラフのいずれかと同型であることを確かめよ．

練習問題 3.18　n を自然数として $N=\binom{n}{2}$ とおく．辺を k 本持つ位数 n のグラフの個数と，辺を $(N-k)$ 本持つ位数 n のグラフの個数は等しい．なぜか．

注意　頂点が n 個のグラフの個数がなす数列のデータがオンライン整数列大辞典の以下のページ

　http://oeis.org/A000088

に掲載されている．$n \leq 8$ の範囲でデータを抜き出して書くと次の通りである．

n	1	2	3	4	5	6	7	8
位数 n のグラフの個数	1	2	4	11	34	156	1044	12346

練習問題 3.19　$V=\{1,2,3,4,5\}$ とする．

$$E=\{12,13,23,45\},\quad E'=\{12,23,34,45\}$$

とおき，$G=(V,E)$, $G'=(V,E')$ という 2 つのグラフを考える．

(1) G, G' それぞれを図示せよ．

(2) G, G' それぞれの次数列を求めよ．

(3) G と G' は同型ではないことを説明せよ．

ちょっと変わった例を挙げてみよう．

例 3.24　4 つの数字 $1,2,3,4$ の順列は全部で $4!=24$ 個あるが，それらを頂点の名前として使うことにしよう．そして「ある隣り合った 2 つの数字を入れ替えたもの」という関係にある2つの順列に対応する頂点を辺で結ぶ．たとえば 1432 と 4132 は互いに，隣り合う数字 1 と 4 を入れ替えたものになっているので，これらを辺で結ぶのである．すると得られるグラフは図の左側のようになる．

一方で，正八面体の6つの頂点を切り落として得られる多面体を切頂八面体と呼ぶが，切頂八面体の頂点と辺がなすグラフを考えると図の右側のようになる．

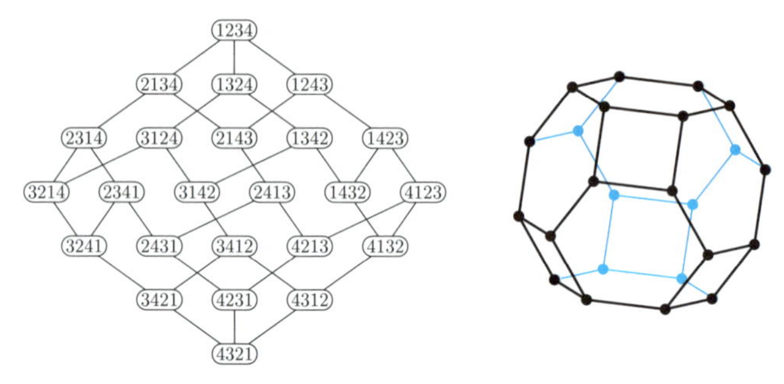

これら2つのグラフは同型になっている． □

練習問題 3.20 上の例において，2つのグラフはどのような頂点の対応で同型となるか？ 切頂八面体の各頂点に，対応する順列を書き入れてみよ．

3.7 部分グラフと拡大グラフ

定義 3.25 $G=(V,E)$ と $G'=(V',E')$ をグラフとする．$V\supset V'$，$E\supset E'$ が成り立つとき $G\supset G'$ と表し，G' は G の**部分グラフ** (subgraph) であるといい，また G は G' の**拡大グラフ** (supergraph) であるという．G' が G の部分グラフであり，かつ $V'=V$ のとき，G' は G の**全域部分グラフ** (spanning subgraph) であるという．

定義 3.26 $G=(V,E)$ と $G'=(V',E')$ をグラフとする．このとき

$$G\cap G' := (V\cap V', E\cap E'),$$

$$G\cup G' := (V\cup V', E\cup E')$$

と定める．

$G = (V, E)$ と $G' = (V', E')$ に対して一般に

$$V \cap V' \subset V, V' \subset V \cup V', \quad E \cap E' \subset E, E' \subset E \cup E'$$

なので，$G \cap G'$ は G, G' の部分グラフであり，$G \cup G'$ は G, G' の拡大グラフである．

例 3.27

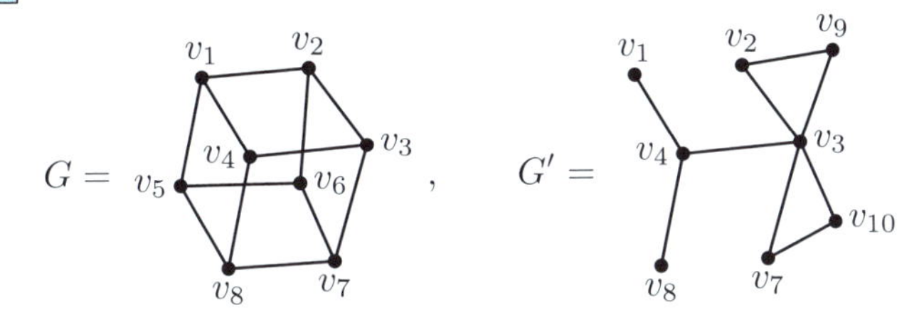

のとき

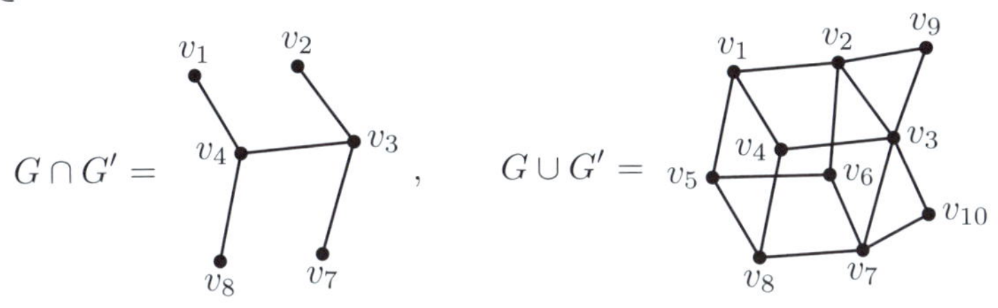

□

例 3.28

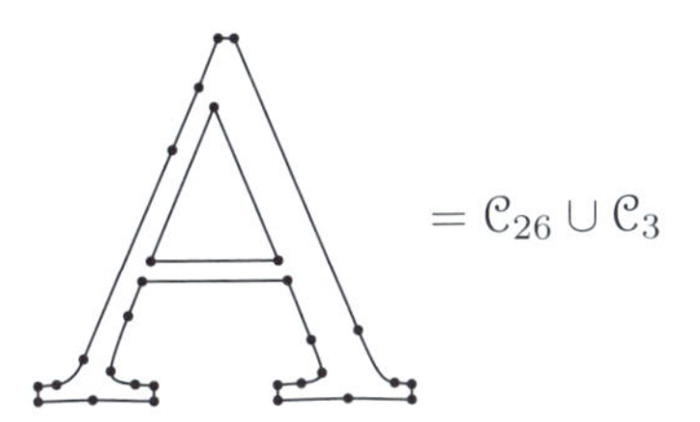

□

> **定義 3.29**　$G = (V, E)$ をグラフとし，$V' \subset V$ とする．このとき，
>
> $$E' = E \cap \binom{V'}{2}$$
>
> とおくと，$G' = (V', E')$ は G の部分グラフとなるが，これを V' が定める誘導部分グラフ (induced subgraph) と呼び $G[V']$ で表す．

言葉と記号は難しそうだが，要するに G の頂点のうちで V' のものだけを使うことにするとき，G において隣接している2頂点が G' においても隣接している，という自然な条件で隣接関係を定めたグラフ G' を $G[V']$ とするのである．

例 3.30 下図の左側のグラフを G とし，大きめの点で描かれた頂点たちを V' とする．このとき $G[V']$ は下図の右側の青で描かれた部分グラフとなる．

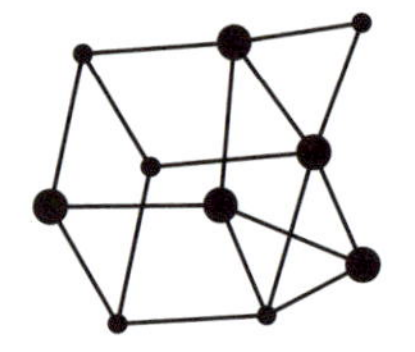
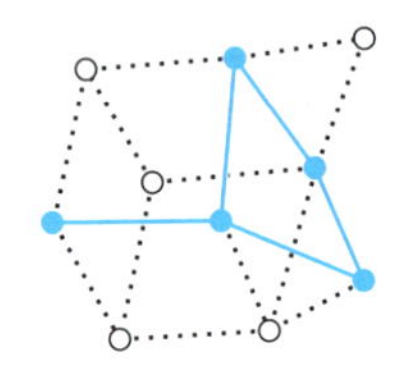

□

部分グラフと拡大グラフの特別な場合

いくつかの特別な場合を見る．$G = (V, E)$ をグラフとする．

- $e \in E$ に対して，$(V, E \setminus \{e\})$ は G の部分グラフになる．G から辺 e を取り除いたグラフである．これを簡単に $G - e$ で表す．
- $v \in V$ に対して，誘導部分グラフ $G[V \setminus \{v\}]$ は G から頂点 v および v に接続するすべての辺を取り除いてできる部分グラフである．これを簡単に $G - v$ で表す．
- $x, y \in V$ に対して $e = xy \notin E$ であるとする．このとき $(V, E \cup \{e\})$ は G の拡大グラフである．これを簡単に $G + e$ で表す．

例 3.31

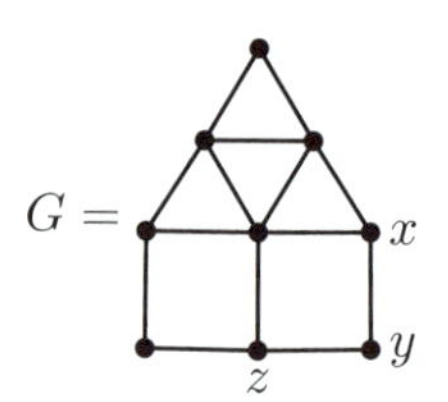

のとき

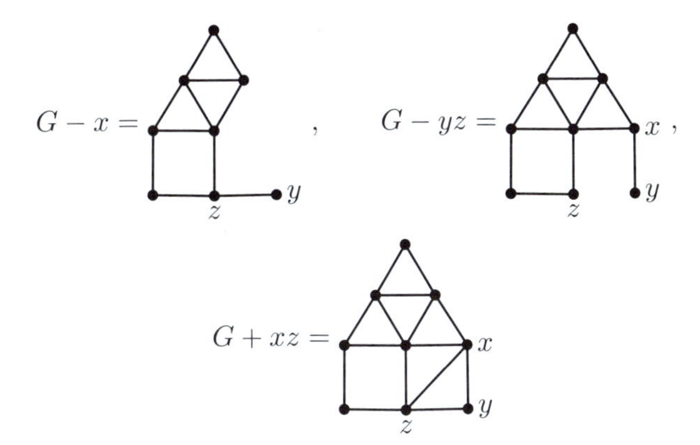

である．□

練習問題 3.21　例 3.31 の G に対して，$G-y$, $G-z$ を描け．

定義 3.32　$G=(V,E)$ をグラフとする．このとき

$$E'=\binom{V}{2}\setminus E$$

とおくと $G'=(V,E')$ もグラフをなす．これを G の**補グラフ** (complement graph) といい，$\overline{G}$ で表す．

$E'=\binom{V}{2}\setminus E$ のとき $\binom{V}{2}\setminus E'=E$ なので，「補グラフの補グラフは元のグラフ」である．

例 3.33　以下の 2 つのグラフ（黒線の部分）は互いに補グラフの関係にある．

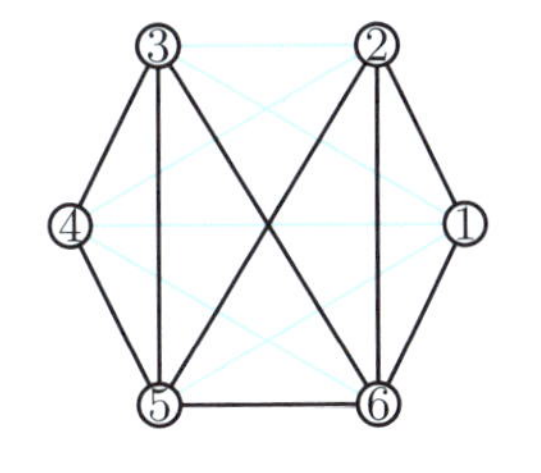

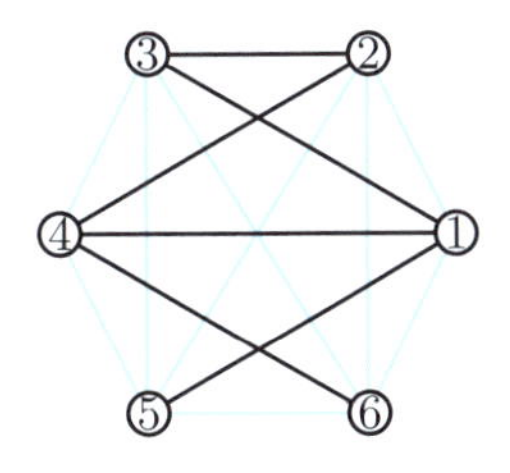

頂点集合はどちらも $\{1,2,3,4,5,6\}$ である．左のグラフの辺集合は

$$\{12, 16, 25, 26, 34, 35, 36, 45, 56\}$$

であり，右のグラフの辺集合は

$$\{13, 14, 15, 23, 24, 46\}$$

である． □

例 3.34 位数 n の無辺グラフを $\overline{\mathcal{K}_n}$ で表していたが，実はこれは完全グラフ $\mathcal{K}_n$ の補グラフという意味の記法だったのである． □

練習問題 3.22 グラフ G の次数列が $(d_1, d_2, \ldots, d_n)$ であるとき，G の補グラフ $\overline{G}$ の次数列は $(n-1-d_n, \ldots, n-1-d_2, n-1-d_1)$ である．なぜか？

練習問題 3.23 正則グラフの補グラフも正則グラフとなる．なぜか？

3.8 グラフの上を歩く

グラフの上を歩き回る，ということを考えてみよう．ある頂点を出発点とし，辺を伝って隣の頂点に移動するということを繰り返して，どこかの頂点にたどり着く，というわけである．このようなグラフ上の旅路の記録のことを歩道と呼ぶ．

正確に述べると，**歩道** (walk) とは，頂点と辺が交互にいくつか並んだ列

$$P = (x_0, f_1, x_1, f_2, x_2, \ldots, x_{l-1}, f_l, x_l)$$
$$(x_0, x_1, \ldots, x_l \in V,\ f_1, \ldots, f_l \in E)$$

であって，各 $i = 1, \ldots, l$ に対して f_i の端点が x_{i-1} と x_i であるようなもののことである．頂点 x_0 を歩道 P の**始点** (starting vertex)，頂点 x_l を歩道 P の**終点** (terminal vertex) と呼ぶ．そして l を歩道 P の**長さ** (length) と呼ぶ．また，P のことを「x_0 と x_l を**結ぶ**歩道」のようにも呼ぶことにしておくと便利である．また始点と終点が一致している歩道を**閉歩道** (closed walk) と呼ぶ．

注意　単純グラフの場合，道を表すのに頂点の情報だけを抜き出して

$$P = (x_0, x_1, x_2, \ldots, x_{l-1}, x_l)$$

と書いても誤解はないので，簡単のためにこのように書くことがある．実際，単純グラフにおいては 2 頂点を結ぶ辺は高々 1 本なので，上のような頂点の列の情報から

$$P = (x_0, x_0x_1, x_1, x_1x_2, x_2, \ldots, x_{l-1}, x_{l-1}x_l, x_l)$$

という頂点と辺の交互列がすぐに復元されるからである．多重グラフで歩道を考える場合は，2 頂点間に複数の辺が結ばれていうるので，どの辺を使って隣接点に移動したかという情報まで明示する必要がある．

例 3.35　グラフ

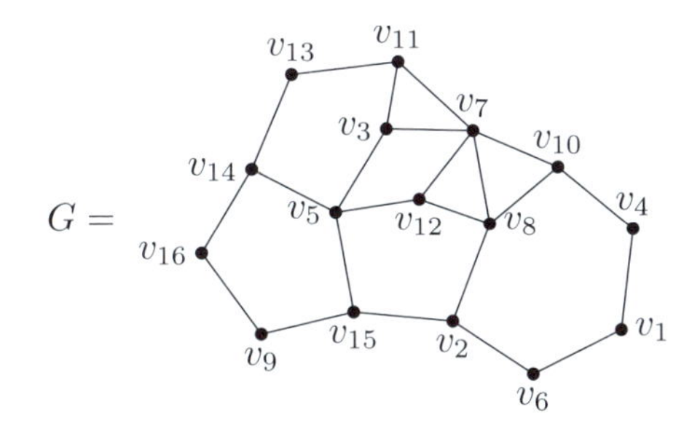

において，たとえば

$$P = (v_1, v_6, v_2, v_8, v_7, v_{11}, v_3, v_7, v_{12}, v_5)$$

は長さ 9 の歩道であり，また

$$C = (v_5, v_3, v_7, v_{12}, v_8, v_7, v_{11}, v_{13}, v_{14}, v_5)$$

は長さ 9 の閉歩道である（上の注意にあるような頂点だけを示す書き方をした）．□

練習問題 3.24　上の例のグラフ G において，v_1 と v_3 を結ぶ長さ 7 の歩道の例を 1 つ挙げよ．また v_9 を通る長さ 10 の閉歩道の例を 1 つ挙げよ．

グラフの上の歩道という考え方を導入すると，そこから色々なアイディアが自然に派生してくる．1 つずつ見ていこう．

● グラフのつながり具合

グラフ上の 2 点 x, y を任意に選んだとき，x から y まで歩いていくことができるか，つまり x を始点，y を終点とする歩道が存在するか（x と y を結ぶ歩道が存在するか），という問いは自然である．それはちょうど，ある町からある町まで陸路だけで行けるだろうか，といった発想と同じである．任意の 2 頂点 x, y に対して，それらを結ぶような歩道が必ず存在するとき，グラフは**連結** (connected) であるといい，そうでないとき**非連結** (disconnected) であるという．

例 3.36 以下に位数 12 のグラフの例を 2 つ図示する．左のグラフは連結であるが，右のグラフは非連結である．実際，たとえば図中の右のグラフにおいて 2 頂点 x と y とを結ぶ歩道はない．

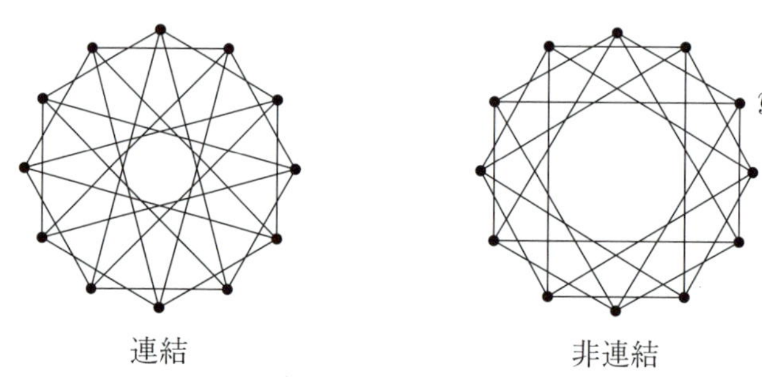

□

練習問題 3.25 例 3.36 の右のグラフで x と y とを結ぶ歩道は存在しないことを確かめよ．

非連結なグラフにおいても，いくつかの頂点は互いに歩いて行き来することができるだろう．正確に言えば，非連結なグラフにおいてうまく部分グラフを選べば，それは連結となるであろう．そこで，できるだけ広い連結な部分グラフを作ることを考える．つまり，$W \subset V$ であって，$G[W]$ は連結なグラフだが，$W \subsetneq W' \subset V$ のとき $G[W']$ が非連結になるとき，$G[W]$ は極大な連結部分グラフであるといえる．そのような部分グラフは一般には複数ある．それらのひとつひとつのことを，グラフの**連結成分** (connected component) と呼ぶ．

例 3.37 下図のグラフは 6 つの連結成分を持つ.

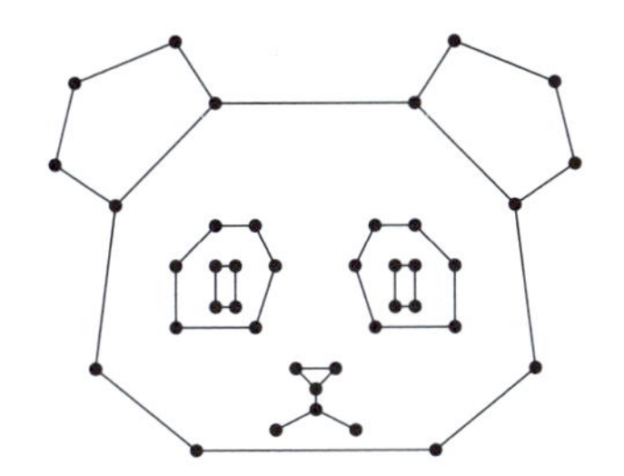

□

例 3.38 下図のグラフは 5 つの連結成分を持つ.

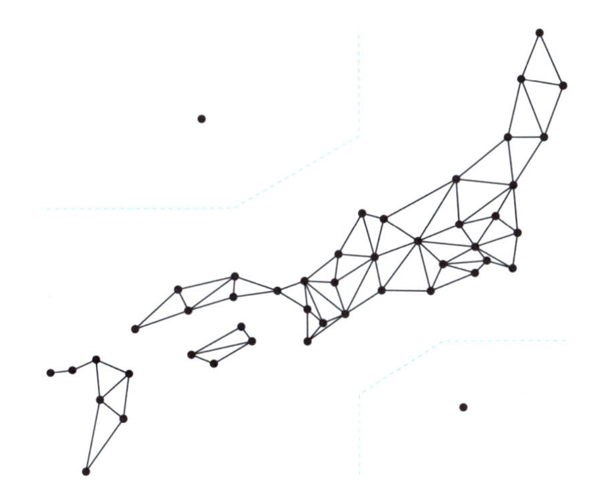

□

つまり直観的に言えば，連結なグラフとはすべての頂点が「ひとつながりの陸地」をなすようなグラフであり，非連結なグラフとは互いに隔絶したいくつかの「島」からなる「諸島」のようなグラフであるということである．正確には,

$$V = V_1 \cup \cdots \cup V_r, \quad V_i \cap V_j = \varnothing \quad (i \neq j)$$

$$G = G[V_1] \cup \cdots \cup G[V_r]$$

となるような $V_1, \ldots, V_r$ があり，$G[V_i]$ $(i = 1, \ldots, r)$ がいずれも連結な部分グラフであるとき，$G[V_1], \ldots, G[V_r]$ が G の連結成分である．そしてグラフが連結であるとは，連結成分が唯一つだけ，ということである．

2点間の距離

グラフの2頂点 x, y に対して，それらを結ぶ歩道があるとする．このことは x と y が同じ連結成分に属しているというのと同じことである．

さてこのとき，どれぐらい短い歩道を選ぶことができるか，というのは自然な発想である．それは実際，たとえばカーナビで目的地までの最短経路を探すといった問題に直接つながる．そこで，x と y を結ぶあらゆる歩道を考え，それらのうちで長さが最小のもののひとつを P とするとき，歩道 P の長さのことを

$$\mathrm{dist}(x, y)$$

という記号で表して，x と y の間の**距離** (distance) と呼ぶことにしよう．

なお，x と y を結ぶ歩道がないとき，つまり x と y が異なる連結成分に属しているときには，x から出発してどんなに歩いても y にたどり着けない．そこでそれらの間には「無限の隔たりがある」と考えて

$$\mathrm{dist}(x, y) = \infty$$

と定めることにしよう．

例 3.39

$G =$ 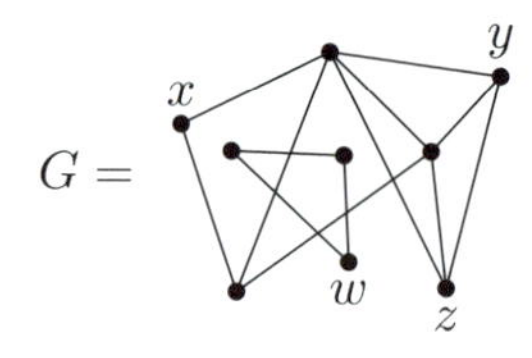

において

$$\mathrm{dist}(x, y) = 2, \quad \mathrm{dist}(x, z) = 3, \quad \mathrm{dist}(y, z) = 1, \quad \mathrm{dist}(y, w) = \infty$$

である（確かめよ）． □

命題 3.40 グラフ上の距離は次の性質を持つ：$x, y, z \in V$ に対して

(1) $\mathrm{dist}(x, y) \geq 0$

(2) $\mathrm{dist}(x, y) = 0 \iff x = y$

(3) $\mathrm{dist}(x, y) = \mathrm{dist}(y, x)$

(4) $\mathrm{dist}(x, y) \leq \mathrm{dist}(x, z) + \mathrm{dist}(z, y)$

グラフの直径

平面における直径が d の円盤を考えよう．円盤とは，円で囲まれた内側の部分のことである．この円盤上に 2 点を選び，それらの間の距離（つまりそれらを結ぶ線分の長さ）を測ると，その距離は必ず d 以下になり，2 点が円の直径の端点となるときに距離が d となる．つまり円盤の直径とは，その上の 2 点間の距離の最大値である，という見方もできる．

この考え方をグラフにおいても輸入しよう．様々な 2 頂点 x, y を選んで距離 $\mathrm{dist}(x,y)$ を測り，それらのうちで最大の値をグラフの**直径** (diameter) と呼ぶことにする．グラフ G の直径を $\mathrm{diam}(G)$ で表そう．記号的に書けば

$$\mathrm{diam}(G) = \max\{\mathrm{dist}(x,y) \mid x, y \in V\}$$

である．グラフ G が非連結のときは $\mathrm{diam}(G) = \infty$ となる．

例 3.41 グラフ

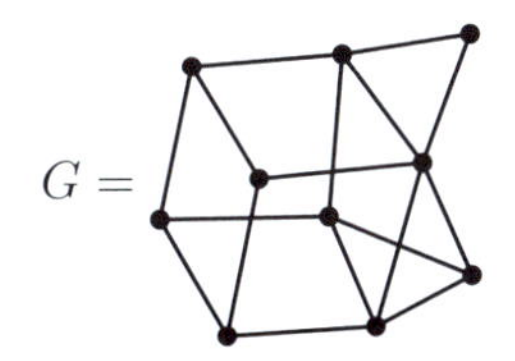

に対して $\mathrm{diam}(G) = 3$ である（確かめよ）．

練習問題 3.26 (1) 0 以上の整数 n に対して $\mathrm{diam}(\mathcal{P}_n)$ を求めよ．
(2) 3 以上の整数 n に対して $\mathrm{diam}(\mathcal{C}_n)$ を求めよ．

色々な歩道

定義 3.42 歩道

$$P = (x_0, f_1, x_1, f_2, x_2, \ldots, x_{l-1}, f_l, x_l)$$

であって，P に含まれる辺 $f_1, \ldots, f_l$ がすべて相異なるものを**小径** (trail) という．すべての辺を含むようなグラフ G の小径（つまり G の「一筆書き」）のことを G の**オイラー路** (Euler trail) という．

定義 3.43　歩道 $P = (x_0, f_1, x_1, f_2, x_2, \ldots, x_{l-1}, f_l, x_l)$ であって，P に含まれる頂点 $x_0, \ldots, x_l$ がすべて相異なるとき，P を**道** (path) という．また $x_1, \ldots, x_l$ は相異なり，かつ $x_0 = x_l$ であるとき，P を**閉路** (closed path) または**サイクル** (cycle) という．すべての辺を含むようなグラフ G の閉路を G の**オイラー閉路** (Euler circuit) という．

例 3.44　たとえば，下図の左側において $(x_0, x_1, x_2, x_3, x_4, x_5)$ は道であり，右側において $(x_0, x_1, x_2, x_3, x_4, x_5, x_6, x_0)$ は閉路である（頂点だけを示す書き方をした）．

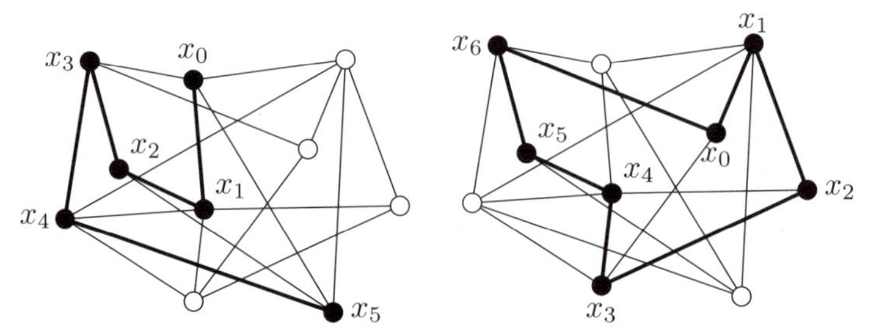

練習問題 3.27　道 $P = (x_0, f_1, x_1, f_2, x_2, \ldots, x_{l-1}, f_l, x_l)$ において，辺 $f_1, \ldots, f_l$ も互いに相異なる．その理由を説明せよ．

G における長さ l の道とは，$\mathcal{P}_l$ と同型な G の部分グラフのことである，といっても良いだろう．同様に，長さ l の閉路とは，$\mathcal{C}_l$ と同型な部分グラフのことといっても良い．

歩道では行きつ戻りつしたり，同じ場所を何度通過しても構わない．一方，道とは，同じ場所を2度以上通過しない，無駄のない移動経路である．歩道から無駄をなくせば道ができる．同じ頂点を2回通過するとすると，それは下図の左のように「寄り道」をしていることになるわけだから，その部分を取り去ることで歩道がスリム化される（下図の右側）．

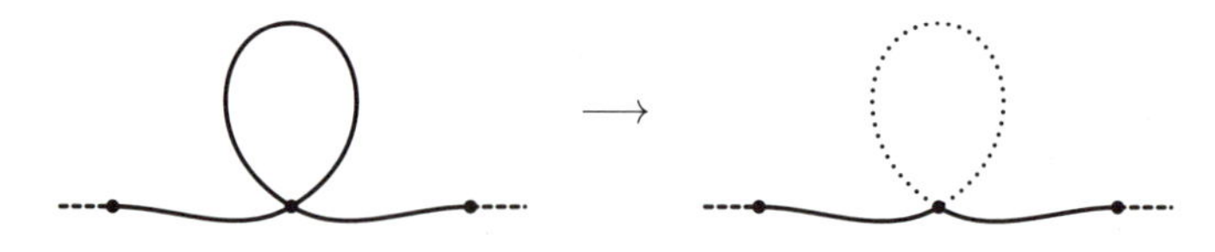

あらゆる「寄り道」を取り去れば，最後に道ができ上がるはずである．というわけで，次の定理が成り立つ．

定理 3.45 x と y を結ぶ歩道があれば，x と y を結ぶ道がある．

3.9 2 部 グ ラ フ

$G=(V,E)$ をグラフとする．頂点集合 V が 2 つの部分集合 V_1, V_2 に分割されるとする，つまり

$$V = V_1 \cup V_2, \qquad V_1 \cap V_2 = \varnothing$$

であるとする．わかりやすく言うと，グラフ G の頂点を 2 色 — たとえば白と黒 — で塗り分けて，白い頂点を集めた集合を V_1，黒い頂点を集めた集合を V_2 とする，といった具合である．このとき，G の頂点 $v, w \in V$ に対して

$$v \in V_1,\ v \sim w \implies w \in V_2,$$
$$v \in V_2,\ v \sim w \implies w \in V_1$$

が成り立つとき，G は (V_1, V_2) を **2 部分割** (bipartition) とする **2 部グラフ** (bipartite graph) であるという．上の条件はつまり，白い頂点には黒い頂点しか隣接しておらず，黒い頂点には白い頂点しか隣接していないということ，言い換えれば同色の頂点どうしは隣接していないということを意味する．

例 3.46 $G=(V,E)$ を

$$V = \{1,2,3,4,5,6,7,8\},$$
$$E = \{12,23,34,45,56,67,78,81\}$$

によって定まるグラフとする．$G \cong \mathcal{C}_8$ である．

$$V_1 = \{1,3,5,7\}, \quad V_2 = \{2,4,6,8\}$$

とすれば，G は (V_1, V_2) を 2 部分割とする 2 部グラフである．V_1 の頂点を白で，V_2 の頂点を黒で表して図示すると次のようになる．

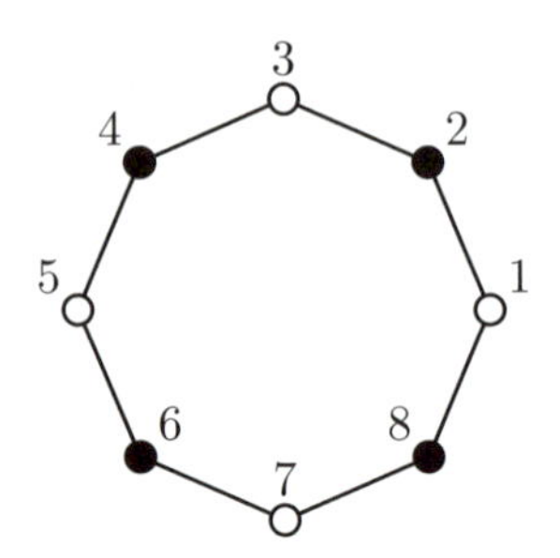

同色の頂点は隣接していないことが見て取れるだろう. □

例 3.47 m, n を自然数として,

$$V = V_1 \cup V_2, \quad V_1 = \{1, 2, \ldots, m\}, \quad V_2 = \{m+1, m+2, \ldots, m+n\},$$
$$E = \{xy \mid x \in V_1, y \in V_2\}$$

によって定まるグラフ (V, E) を $\mathcal{K}_{m,n}$ で表し, **完全 2 部グラフ** (complete bipartite graph) という. つまり 2 部分割 (V_1, V_2) において, V_1 の頂点と V_2 の頂点は, どのペアも結ばれているようなグラフである. 明らかに $\mathcal{K}_{m,n} \cong \mathcal{K}_{n,m}$ である. いくつか絵を描いてみよう.

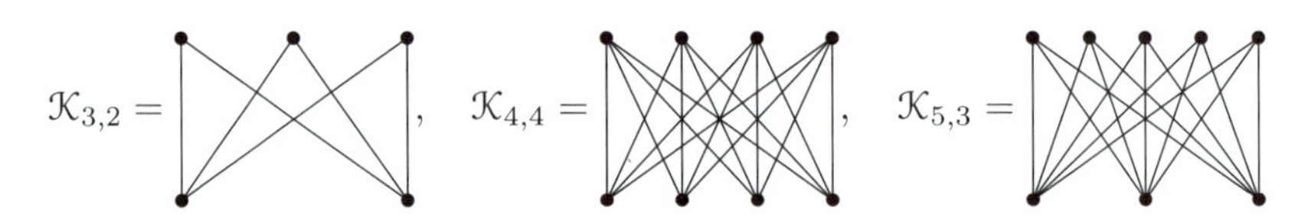

特に $\mathcal{K}_{1,n}$ を**星グラフ** (star graph) という. たとえば

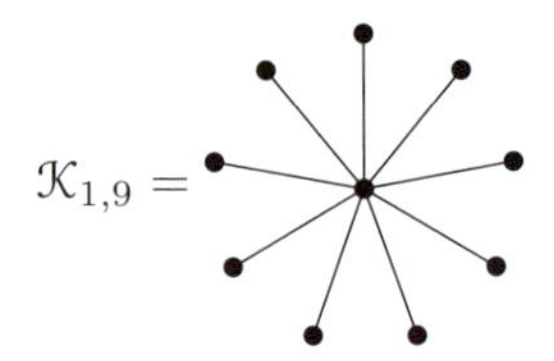

である. □

練習問題 3.28　$\mathcal{K}_{2,2} = \mathcal{C}_4$ であることを確かめよ．

練習問題 3.29　任意の自然数 m, n に対して $\overline{\mathcal{K}_{m,n}} = \mathcal{K}_m \cup \mathcal{K}_n$ である[1]．なぜか？

例 3.48　チェス盤の 8×8 のマスを頂点とし，ナイトの移動で行き来できるマスに対応する頂点同士を辺で結ぶことでグラフができる．

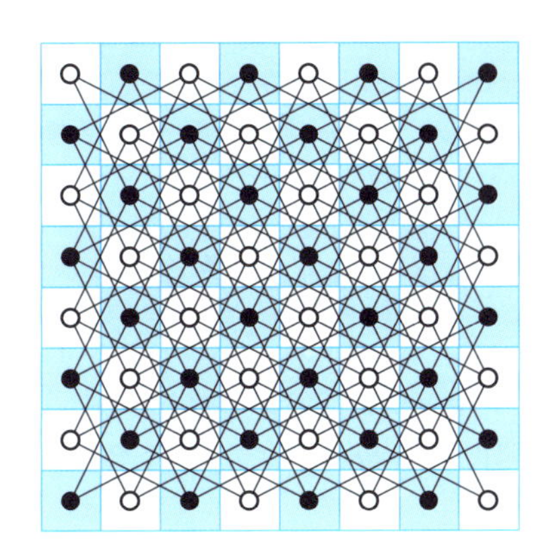

チェス盤は白と黒で市松模様に塗り分けられているが，ナイトは白いマスと黒いマスを交互に移動するので，上のようにして作られたグラフは 2 部グラフになる．□

練習問題 3.30　このグラフに辺は何本あるか？

例 3.49　n 個のクラスが開講されていて，m 人の学生がそれぞれいくつかのクラスに履修登録をする，という状況を考える．n 個のクラスを $c_1, \ldots, c_n$ で，m 人の学生を $s_1, \ldots, s_m$ で表し，$C = \{c_1, \ldots, c_n\}$, $S = \{s_1, \ldots, s_m\}$ を開講クラスの全体および学生の全体がなす集合とする．学生 s_i がクラス c_j を履修登録しているときに辺 $s_i c_j$ を結ぶ，とすることで，(C, S) を 2 部分割に持つ 2 部グラフができる．□

[1] この右辺の $\mathcal{K}_m \cup \mathcal{K}_n$ は，正確には「$\mathcal{K}_m$ と同型なグラフと，それと頂点を共有しないような $\mathcal{K}_n$ と同型なグラフとの和」を意味するが（絵を描いてみると納得できると思う，たとえば $\overline{\mathcal{K}_{3,3}}$ を描いてみよ），このようなくどい説明だとかえって分かりにくいであろうし，いったん意味が分かれば誤解はないだろう（と期待する）．

定理 3.50 G が2部グラフであるための必要十分条件は，G に長さが奇数の閉路がないことである．

[証明] G が2部グラフのとき，同色の頂点が隣接しないように G の頂点を白と黒で塗り分けることができる．すると，G 上では隣接する頂点に移る度に色が変わる．何歩か歩いて出発点に戻るとすると，歩いた歩数は偶数歩のはずである．

逆に G の閉路はすべて長さが偶数とする．どこでも良いから基準となる頂点 v を選んで白く塗る．v から奇数歩で行ける頂点を黒で，偶数歩で行ける頂点を白で塗ると，矛盾なく白黒で塗り分けられる． □

例 3.51 3以上の自然数 n に対して，位数 n のサイクル $\mathcal{C}_n$ は，n が偶数ならば2部グラフであり，n が奇数ならば2部グラフではない． □

練習問題 3.31 5×5 サイズの変則的なチェス盤において，すべてのマスをちょうど1度ずつ通ってから最後に出発点に戻るようにナイトを移動させることはできるか？

● 多部グラフ

より一般的に，k を自然数とするとき，$G = (V, E)$ が $\boldsymbol{k}$ **部グラフ** (k-partite graph) であるとは，V が互いに排反な k 個の V の独立部分集合 $V_1, \ldots, V_k$ の和集合となることをいう．つまり

$$V = V_1 \cup V_2 \cup \cdots \cup V_k, \qquad i \neq j \implies V_i \cap V_j = \varnothing,$$
$$x, y \in V_i \implies xy \notin E \quad (i = 1, 2, \ldots, k)$$

であることをいう．頂点を k 色で塗り分けて，同じ色の頂点は隣接しないようにできる，というのと同じことである（同じ色の頂点を集めて $V_1, \ldots, V_k$ とする）．

例 3.52　3 部グラフの例を挙げる．白い頂点たちを V_1，黒い頂点たちを V_2，青い頂点たちを V_3 とすると，これらは独立な頂点集合である．

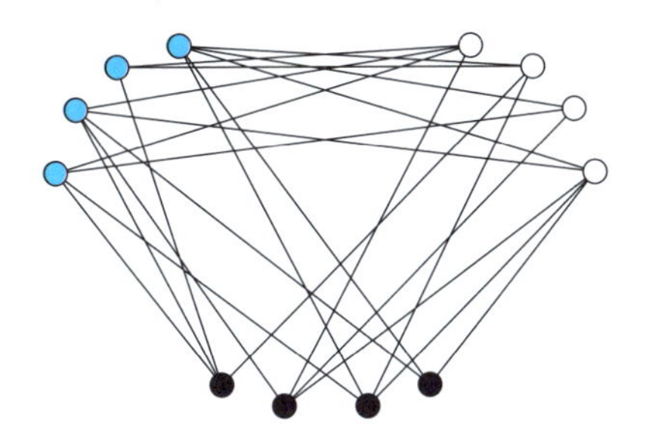

□

例 3.53　$n_1, \ldots, n_k$ を自然数として，

$$V = V_1 \cup \cdots \cup V_k, \qquad i \neq j \implies V_i \cap V_j = \varnothing,$$
$$|V_i| = n_i \quad (i = 1, 2, \ldots, k)$$

および

$$i \neq j,\ x \in V_i,\ y \in V_j \implies xy \in E,$$
$$x, y \in V_i \implies xy \notin E \quad (i = 1, 2, \ldots, k)$$

で定まる k 部グラフ (V, E) を $\mathcal{K}_{n_1,\ldots,n_k}$ で表し，**完全 *k* 部グラフ** (complete k-partite graph) と呼ぶ．一例として完全 3 部グラフ $\mathcal{K}_{4,4,4}$ を図示すると次のようになる．

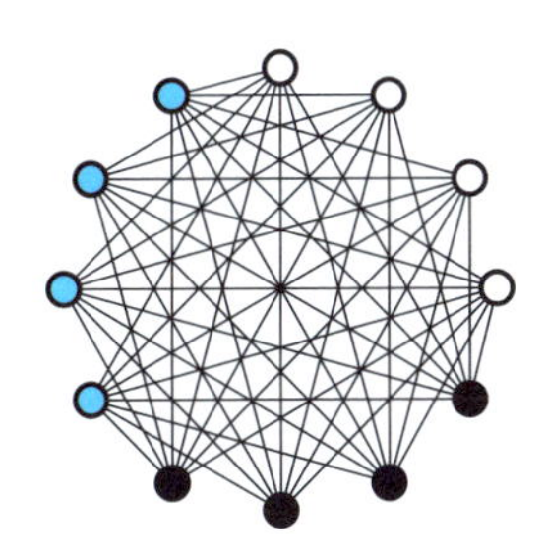

□

練習問題 3.32　$\mathcal{K}_{2,3,4}$ を図示せよ．

第3章 章末問題

問題 3.1 任意のグラフ $G=(V,E)$ において，次数が等しい頂点がある（つまり $\deg(x)=\deg(y)$ を満たすような $x,y\in V(x\neq y)$ がある），言い換えればすべての頂点で次数が異なるようなグラフはありえないことを示せ．

問題 3.2 整数の列

$$(d_1,d_2,\ldots,d_n)$$

に対して，これを次数列とするようなグラフが存在するとき，この数列は**グラフ的** (graphical) であるという．次の数列はグラフ的か？

(1) $(3,3,1,1)$

(2) $(3,2,2,1)$

(3) $(3,2,1,1,1)$

(4) $(3,3,2,2,1)$

問題 3.3 $G=(V,E)$, $G'=(V',E')$ をグラフとする．

$$G[V\cap V']=G'[V\cap V']=G\cap G'$$

ならば

$$G=(G\cup G')[V],\quad G'=(G\cup G')[V']$$

が成り立つことを示せ．

問題 3.4 $n\geq 3$ とする．位数 n の連結な 2-正則グラフは（同型なものを除いて）$\mathcal{C}_n$ に限ることを示せ．

問題 3.5 あるパーティに 45 人が参加した．参加者は最大で 5 人とまで名刺交換できる，というルールが課されたとすると，パーティが終わるまでに 4 人以下としか名刺交換できない参加者が必ずいる．なぜか？

問題 3.6 5 つの正多面体グラフそれぞれに対してその直径を求めよ．

第4章

グラフの操作

グラフ G に対して，G から辺 e を取り除いたグラフ $G-e$，G から頂点 v を取り除いたグラフ $G-v$，G に辺 $e=xy$ を加えたグラフ $G+e=G+xy$ など，ちょっとした操作で得られる別のグラフを表す記号を見た．

この章では，既にあるグラフから新しい別のグラフを作るような操作をさらに何種類か紹介したい．

4.1 グラフの結び

$G_1=(V_1,E_1)$, $G_2=(V_2,E_2)$ はグラフで $G_1 \cap G_2 = \varnothing$ であるとする．このとき，$G_1 \cup G_2$ において，さらに G_1 の頂点と G_2 の頂点を結ぶあらゆる辺を付け加えてできるグラフを $G_1 * G_2$ と表し，G_1 と G_2 の**結び** (join) と呼ぶ．G_1+G_2 と書くこともある．

例 4.1 $\mathcal{K}_m * \mathcal{K}_n = \mathcal{K}_{m+n}$ である．たとえば

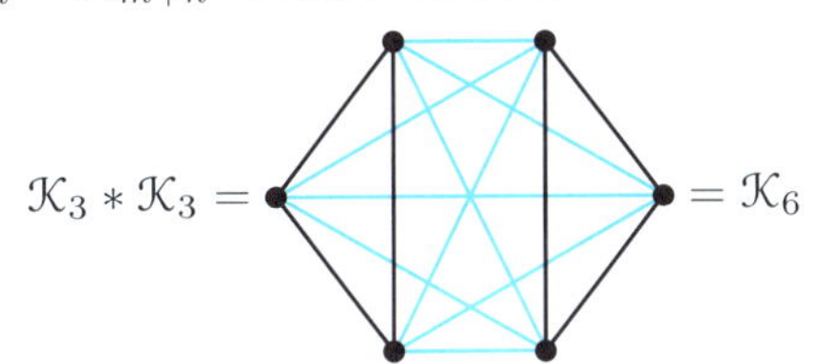

である（$\mathcal{K}_3 \cup \mathcal{K}_3$ に青い線を付け加えた）． □

例 4.2 $\overline{\mathcal{K}_m} * \overline{\mathcal{K}_n} = \mathcal{K}_{m,n}$ である．たとえば

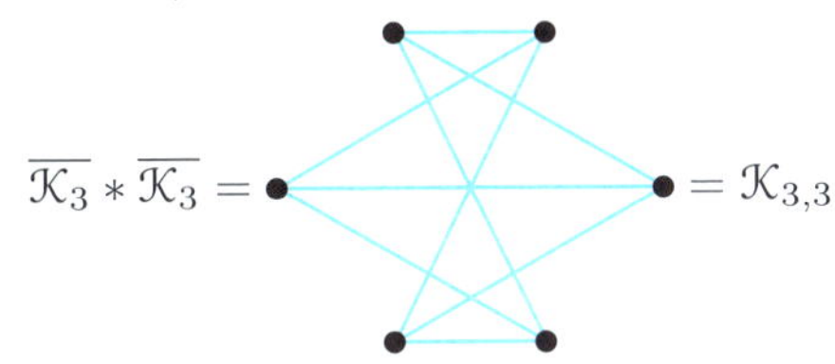

である（$\overline{\mathcal{K}_3} \cup \overline{\mathcal{K}_3}$ に青い線を付け加えた）． □

例 4.3 $\mathcal{K}_1 * \mathcal{P}_n$ を**扇** (fan) と呼ぶ．たとえば

$\mathcal{K}_1 * \mathcal{P}_5 =$ 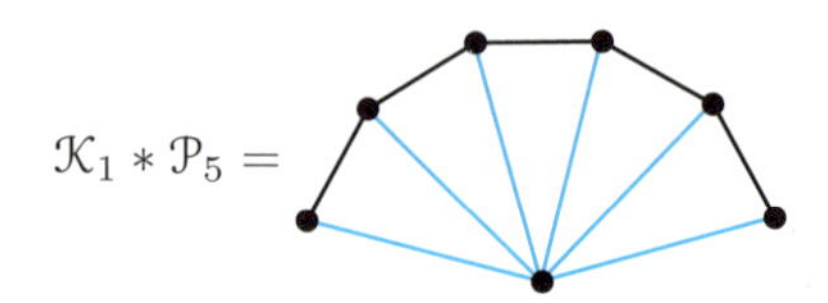

である． □

例 4.4 $\mathcal{K}_2 * \overline{\mathcal{K}_n}$ を**本** (book) と呼ぶ．n 個の三角形（ページ）が共通の辺で綴じられている，というイメージである． □

練習問題 4.1 $\mathcal{K}_2 * \overline{\mathcal{K}_4}$ の絵を描け．

例 4.5 $\mathcal{K}_1 * \mathcal{C}_n$ を**車輪** (wheel) と呼ぶ．たとえば

$\mathcal{K}_1 * \mathcal{C}_7 =$ 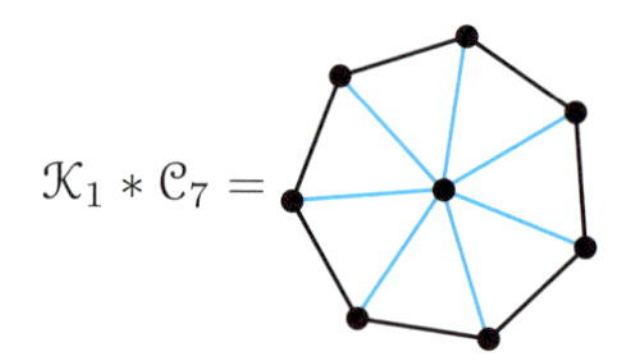

である． □

4.2 デカルト積

2つのグラフ $G_1 = (V_1, E_1)$, $G_2 = (V_2, E_2)$ に対して，頂点集合が $V_1 \times V_2$ で，辺集合が

$$\{\{(x,y),(x',y)\} \mid x, x' \in V_1,\ y \in V_2,\ xx' \in E_1\}$$
$$\cup \{\{(x,y),(x,y')\} \mid x \in V_1,\ y, y' \in V_2,\ yy' \in E_2\}$$

であるようなグラフを G_1 と G_2 の**デカルト積** (Cartesian product) または**直積** (direct product) と呼ぶ．本書では G_1 と G_2 のデカルト積を $G_1 \square G_2$ で表すことにする．$G_1 \square G_2$ とは，言い換えれば，頂点集合が $V_1 \times V_2$ であって，隣接関係が

$$(x,y)\sim(x',y') \iff (x\sim x' \text{ かつ } y=y') \text{ または } (x=x' \text{ かつ } y\sim y')$$

で定まるグラフということである.

具体例で絵を見ればどのようなことを考えているのかが分かるだろう.

例 4.6 2つの道 $\mathcal{P}_m$ と $\mathcal{P}_n$ のデカルト積 $\mathcal{P}_m\square\mathcal{P}_n$ は長方形格子状のグラフになる. このグラフを**グリッドグラフ** (grid graph) と呼ぶ.

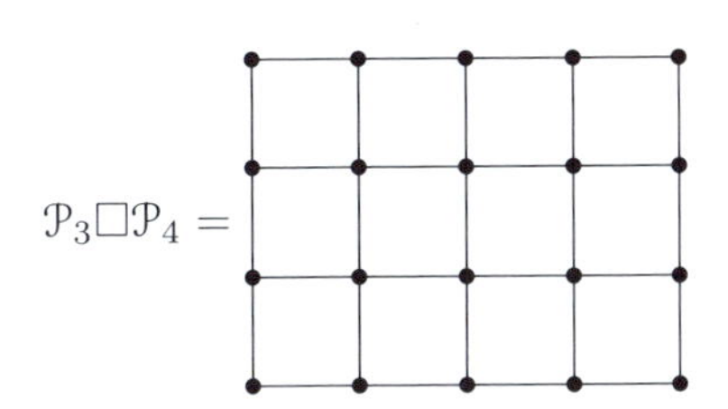

□

例 4.7 道とサイクルのデカルト積の一例を挙げる.

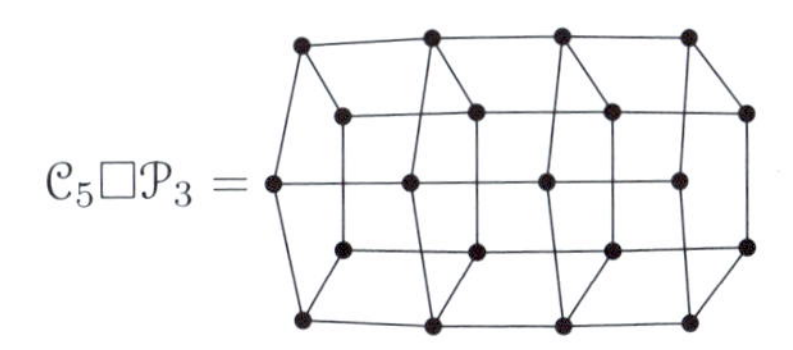

□

例 4.8 サイクルとサイクルのデカルト積の例を挙げる.

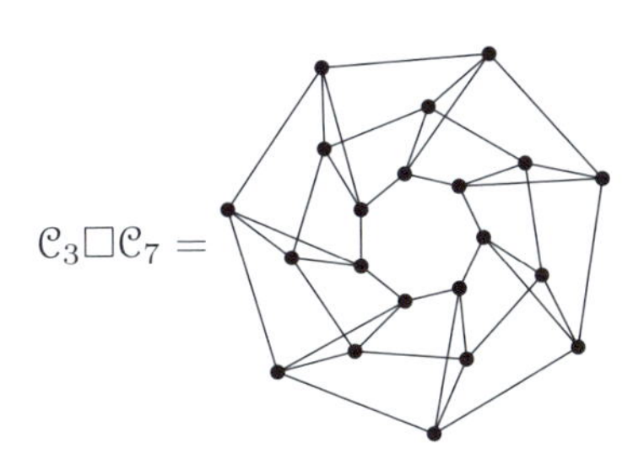

絵をじっと眺めてみて欲しい. トーラス（ドーナツの表面）を直線的に近似した立体が浮かび上がってくるだろうか. 一般にサイクルとサイクルのデカルト積 $\mathcal{C}_m\square\mathcal{C}_n$ は離散トーラスグラフとでも呼ぶのがふさわしそうだ. □

練習問題 4.2 デカルト積 $G_1 \square G_2$ において，頂点 $(x, y) \in V(G_1 \square G_2)$ の次数は

$$\deg_{G_1}(x) + \deg_{G_2}(y)$$

に等しい．なぜか？

練習問題 4.3 m, n を3以上の整数とする．デカルト積 $\mathcal{C}_m \square \mathcal{C}_n$ は4-正則グラフである．なぜか？

練習問題 4.4 $\mathcal{K}_2 \square \mathcal{K}_{1,4}$ のグラフを描け．

4.3 ライングラフ

グラフ G の頂点と辺の「役割」を入れ替えてできるグラフを $L(G)$ で表し，G の**ライングラフ** (line graph) と呼ぶ．つまり，

$$V' = E,$$
$$E' = \Big\{ \{e, f\} \in V' \,\Big|\, e \text{ と } f \text{ は } G \text{ で隣接している} \Big\}$$

によって定まる $L(G) = (V', E')$ のことである．直観的には，グラフ G の各辺の中点に頂点を描き，隣接する辺に対応する頂点を辺で結ぶことで得られる新たなグラフが $L(G)$ である．

例 4.9

$$L(\mathcal{P}_n) = \mathcal{P}_{n-1},$$
$$L(\mathcal{C}_n) = \mathcal{C}_n$$

である．たとえば $\mathcal{P}_4$, $\mathcal{C}_5$（黒線）のライングラフ $L(\mathcal{P}_4), L(\mathcal{C}_5)$ は青線のようになる．

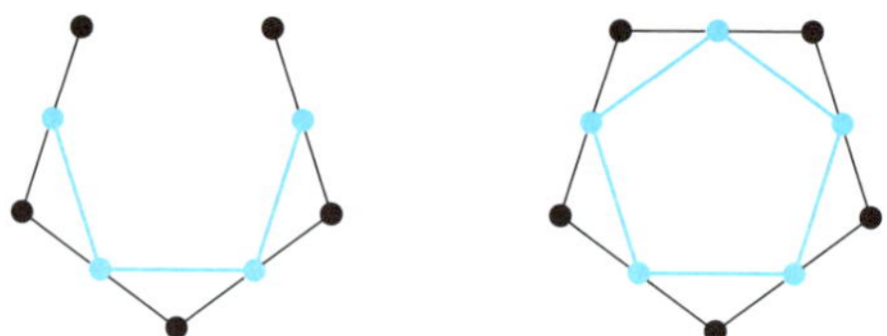

□

練習問題 4.5 $L(\mathcal{K}_4)$ は正八面体グラフに同型であることを示せ．

4.4 辺の縮約とマイナー

グラフにおいて，1 つの辺を 1 点に縮約するという操作を考える．

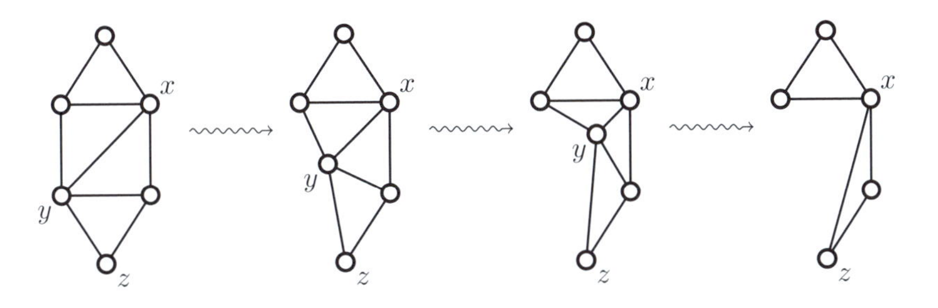

辺 $e = xy$ を 1 点に縮約することは，結果としては

(1) $y \sim z \not\sim x$ という状況にあるすべての頂点 z に対して，辺 xz を付け加える

(2) 頂点 y を取り除く

という操作を行うことと同じである．グラフ G で辺 e を縮約して得られるグラフを G/e で表す．

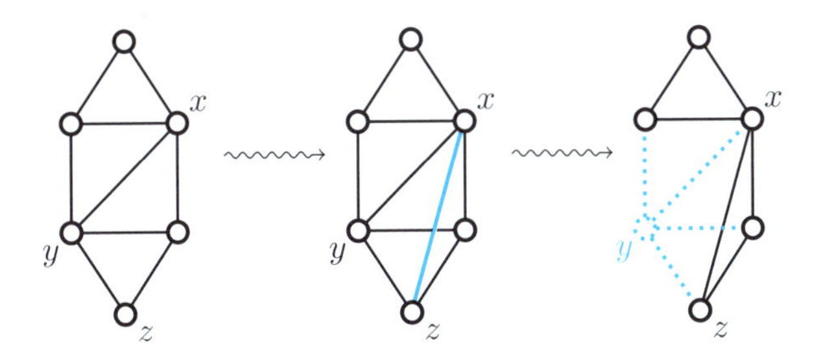

練習問題 4.6

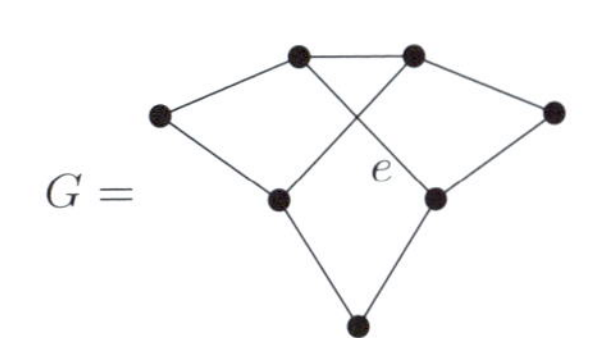

において G/e はどうなるか？

グラフ G に

- 頂点の除去
- 辺の除去
- 辺の縮約

という3種類の操作を何回か施した結果グラフ G' になったとするとき，G' は元のグラフ G の**マイナー** (minor) であるという．特に G の部分グラフは G から頂点と辺の除去を繰り返すことで得られるので，G のマイナーである．

あるグラフが平面グラフであるかどうかについての決定的な結果が，マイナーという概念を使うことで次のように述べられる．

定理 4.10 グラフ G が平面グラフであるための必要十分条件は，$\mathcal{K}_5$ と $\mathcal{K}_{3,3}$ のいずれも G のマイナーにならないことである．

練習問題 4.7 位数3のサイクル

をマイナーに持つような位数4の（互いに同型でない）グラフをすべて求めよ．

練習問題 4.8 定理4.10を利用して，ピーターセングラフ（例3.19を参照）は平面グラフではないことを示せ．

練習問題 4.9 定理4.10を利用して，2つのサイクルのデカルト積 $\mathcal{C}_3 \square \mathcal{C}_3$ は平面グラフではないことを示せ．

第 4 章　章末問題

問題 4.1　2 つのグラフ G_1, G_2 に対して，それらの結び $G_1 * G_2$ は連結である．なぜか？

問題 4.2　G_1 と G_2 がどちらも連結ならば，そのデカルト積 $G_1 \Box G_2$ も連結である．なぜか？

問題 4.3　2 つのグラフ G_1, G_2 のデカルト積 $G_1 \Box G_2$ において

$$\|G_1 \Box G_2\| = \|G_1\| \, |G_2| + \|G_2\| \, |G_1|$$

が成り立つ．なぜか？

第5章 多重グラフと有向グラフ

グラフとは，いくつかの頂点とそれらを結ぶいくつかの辺からなるものとして定義した．その際，2つの頂点の間には辺があるかないかのどちらかであった．しかし，たとえば「2つの地点間を移動する手段が複数あるような交通網」や「交友関係」などを考えるときなど，場合によっては，頂点を複数の辺で結んだり，辺に向きを付けて考えたりする方が自然だったり便利だったりすることがある．この章では，こういった状況を表現するのに便利な多重グラフと有向グラフについて簡単に紹介する．

5.1 多重グラフ

同じ頂点を結ぶ辺を考えることもあり，そのような辺を**ループ** (loop) という．2つの頂点間が複数の辺で結ばれるようなグラフを考えることもあり，そのような辺を**多重辺** (multiple edge) と呼ぶ．

例 5.1 下図のグラフにおいて，頂点4はループを持ち，頂点2と3は2つの辺で，頂点3と5は3つの辺で結ばれている．

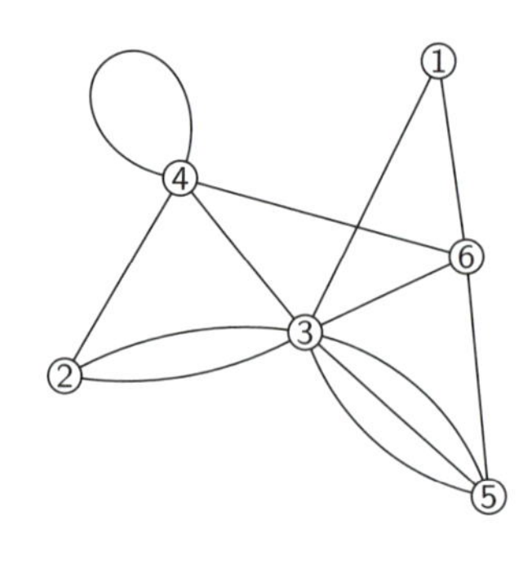

□

例 5.2 頂点が 1 つだけで辺がすべてループである

のようなグラフを**ブーケ** (bouquet) と呼ぶ. □

上の例のようにループや多重辺を持つようなグラフを**多重グラフ** (multigraph) と呼ぶ. ループや多重辺を持たないグラフ, つまり 2 つの頂点の間には辺が高々 1 本しかないようなグラフを**単純グラフ** (simple graph) と呼ぶ.

ループは始点かつ終点である頂点を 1 つ指定すれば表現される. よって, 多重グラフを考える際には V または $\binom{V}{2}$ の元からなる**多重集合**によって辺の全体を表すのがふさわしい.

例 5.3 例 5.1 の多重グラフの場合, 辺の全体 E は

$$E = \{\{4\}, \{1,3\}, \{1,6\}, \{2,3\}, \{2,3\}, \{2,4\}, \{3,4\},$$
$$\{3,5\}, \{3,5\}, \{3,5\}, \{3,6\}, \{4,6\}, \{5,6\}\}$$

という多重集合で表される. $\{4\}$ は頂点 4 から出て入るループを表す. $\{2,3\}$ は 2 つ, $\{3,5\}$ は 3 つ含まれている. □

例 5.4 下図のように, 川で隔てられた 4 つの陸地の間に 7 つの橋が渡されている.

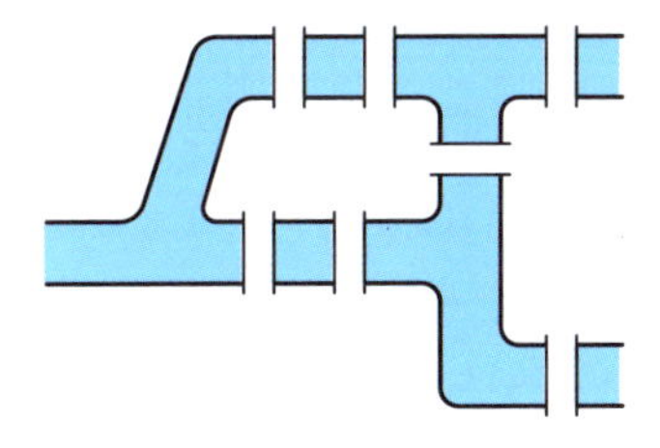

どこから出発しても良いので, すべての橋をちょうど 1 度ずつ渡って元の場所に戻ることができるか. この問題は次のような多重グラフ

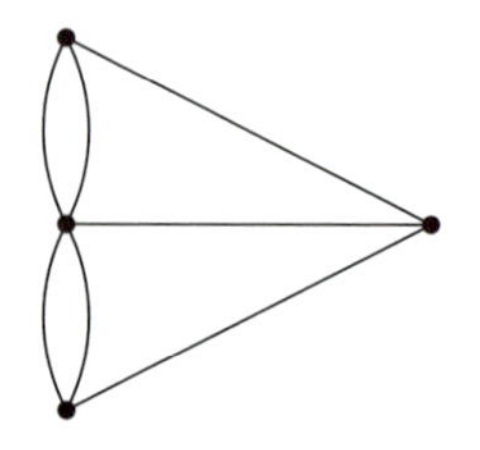

を「一筆書き」できるか（あるいはオイラー閉路を持つか），という問題と同等である（4つの頂点が「陸地」を表し，7つの辺が「橋」を表している）．このように多重グラフを考えるほうが自然な場合もある．□

練習問題 5.1　上の例のグラフは一筆書きできるか？

多重グラフの場合も，頂点 v の次数 $\deg(v)$ は v に接続する辺の本数として定義する．ただしループは2重に数える．視覚的には，頂点から出ている線の本数を数えていることになる．

例 5.5　例5.1の多重グラフの場合，

$$\deg(1)=2,\quad \deg(2)=3,\quad \deg(3)=8,$$
$$\deg(4)=5,\quad \deg(5)=4,\quad \deg(6)=4$$

である（$\deg(4)=4$ ではない）．これらの総和は

$$2+3+8+5+4+4=26$$

であるが，これは辺の本数の2倍に等しい．□

多重グラフ $G=(V,E)$ においても握手補題

$$\sum_{v\in V}\deg(v)=2\,|E|$$

が成り立つ．

注意　握手補題の証明のポイントは「1つの辺ごとにコストが2かかるとして，その両端の2個の頂点がコストを1ずつ負担する」として総コストを2通りに計算することであった．同じように考えると，ループは端点が1つしかないので，その端点が単独でコストを2負担せねばならないことになる．これが，次数を定めるときにはループを2重に数えるという約束をする理由であり，このように定めることで多重グラフでも握手補題が成り立つのである．次の図を見て納得して欲しい（各辺の両端点近くに青い点が描かれている）．

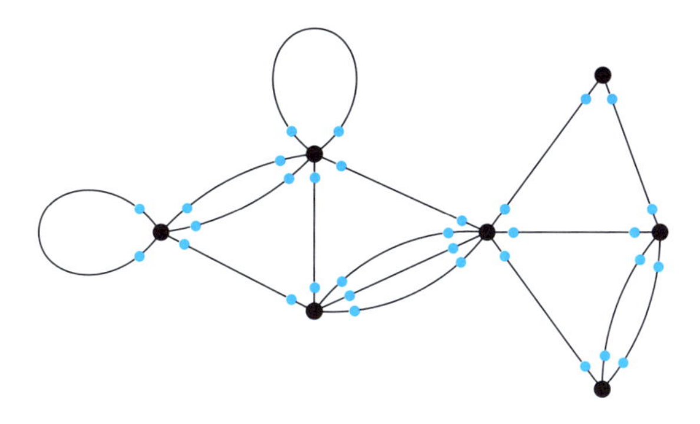

単純グラフにおけるほとんどの概念は，多重グラフに対しても同様に定義される．なお多重グラフにおける辺の縮約については，たとえば

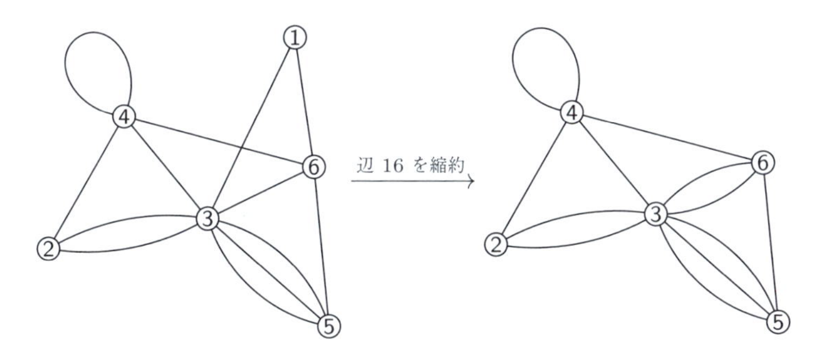

となるように定めるのが自然であろう（多重グラフの方が簡単になる）．

5.2 有向グラフ

非対称な関係がなすネットワークを扱いたい場合もあるだろう．たとえば SNS におけるフォローする・フォローされるの関係は非対称であり，A, B という 2 人の間の関係は

- A, B はどちらも相手をフォローしていない
- A は B をフォローしているが，B は A をフォローしていない
- B は A をフォローしているが，A は B をフォローしていない
- A, B は互いに相手をフォローしている

という4種類の関係がありうる．このような状況の場合，2者間の関係性を単なる線の有無で表すよりも，一方向または双方向の矢印で表現するほうがよりふさわしいだろう．

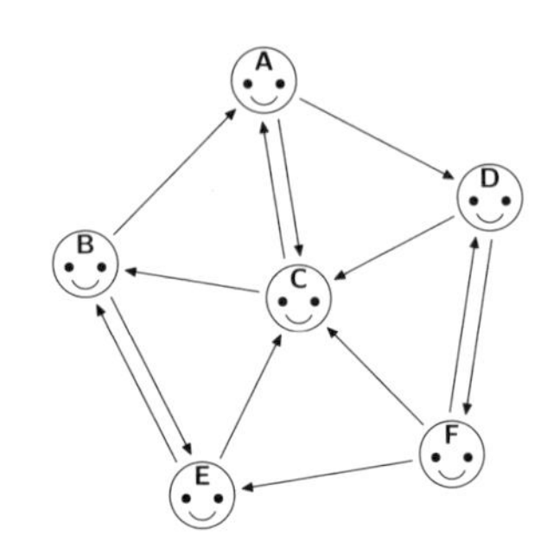

向きを持った辺のことを**有向辺** (directed edge) あるいは**弧** (arc) といい（より砕けた言い方として**矢印** (arrow) とも呼ぶことにしよう），頂点と有向辺からなるグラフを**有向グラフ** (directed graph) という．有向辺との区別を強調するときには，向きを考えない辺を**無向辺** (undirected edge) といい，また無向辺のみを考えるグラフを**無向グラフ** (undirected graph) と呼ぶ．

有向グラフの場合も，ループを考えたり，2頂点間に複数の矢印を引いたりといった多重グラフを考えることができる．ループを持たず，すべての有効辺が異なる有向グラフを**単純有向グラフ** (simple directed graph) と呼び，そうでないとき**多重有向グラフ** (multiple directed graph) と呼ぶ．

簡単のため，単に「有向グラフ」といったら「単純有向グラフ」を指すこととしよう．

頂点 $x, y \in V$ に対し，x から y に向かう有向辺は頂点の順序対 (x, y) として表現できるので，V を頂点集合とするグラフの有向辺の全体 E は

$$\{(x, y) \in V \times V \mid x \neq y\}$$

の部分集合と考える．

有向グラフにおいて，ある頂点 v から出る矢印の本数を $\deg^{+}(v)$ で，v に入る矢印の本数を $\deg^{-}(v)$ で表し，それぞれを v の**出次数** (outdegree)，**入次数** (indegree) と呼ぶ．

定理 5.6 （握手補題・有向版） 有向グラフ $G=(V,E)$ において

$$\sum_{v \in V} \deg^{-}(v) = \sum_{v \in V} \deg^{+}(v) = |E|$$

が成り立つ．

視覚的に説明してみよう．各矢印の始点近くに青い点を，終点近くに灰色の点を描く．

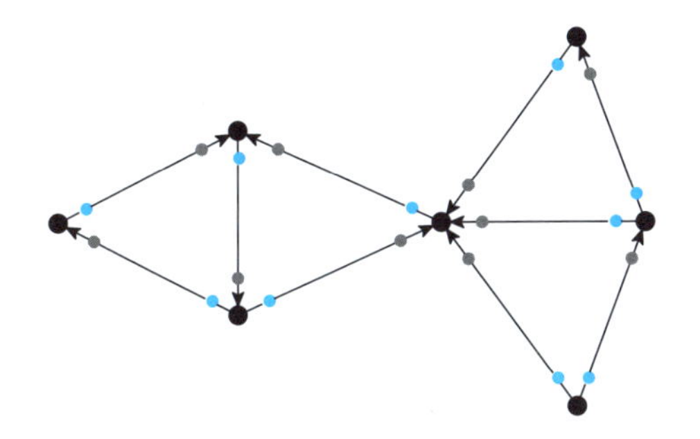

青い点の総数と灰色の点の総数はどちらも辺の本数に等しい．一方，各頂点の近くには出次数の分だけ青い点が，入次数の分だけ灰色の点が集まっているので，青い点の総数は出次数の総和でもあり，灰色の点の総数は入次数の総和でもある．

単純無向グラフにおいて，各辺ごとに適当に向きを付けることで有向グラフができるが，これを元々の無向グラフの 1 つの**向き付け** (orientation) と呼ぶ．

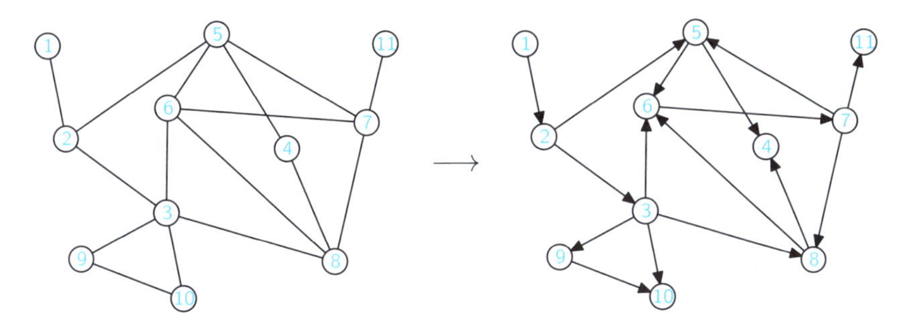

例 5.7 $G=(V,E)$ を (V_1,V_2) を2部分割とする2部グラフとする．すべての辺に V_1 から V_2 へと向きを付けて有向グラフ $G=(V,E')$ を作る．つまり

$$E'=\{(x,y)\,|\,x\in V_1,\ y\in V_2,\ xy\in E\}$$

である．このとき，V_1 の頂点に入る矢印はなく，また V_2 の頂点から出ていく矢印もないので，

$$\sum_{v\in V}\deg^-(v)=\sum_{v\in V_2}\deg^-(v),\quad \sum_{v\in V}\deg^+(v)=\sum_{v\in V_1}\deg^+(v)$$

である．よって握手補題・有向版により

$$\sum_{v\in V_2}\deg^-(v)=\sum_{v\in V_1}\deg^+(v)$$

が成り立つ．もし G が d-正則グラフであったとすると

$$\sum_{v\in V_2}d=\sum_{v\in V_1}d\implies d\,|V_2|=d\,|V_1|\implies |V_1|=|V_2|$$

となる． □

上の例の考察を定理としてまとめておこう．

定理 5.8 $G=(V,E)$ を (V_1,V_2) を2部分割とする正則2部グラフとすると $|V_1|=|V_2|$ である．

例 5.9 （ド・ブラングラフ） $S=\{s_1,\ldots,s_m\}$ を適当な記号（シンボル）の集合として，

$$V=\{x_1\cdots x_n\,|\,x_1,\ldots,x_n\in S\},$$

$$E=\{(x_1x_2\cdots x_n,x_2\cdots x_ns)\,|\,x_1,\ldots,x_n,s\in S\}$$

とする．つまり V は S の元を文字とする長さ n の文字列の全体であり，2つの文字列 $v_1,v_2\in V$ に対して，v_1 の後ろの $n-1$ 文字と v_2 の最初の $n-1$ 文字が一致するときに $v_1\to v_2$ と矢印を結ぶ．従ってすべての $v\in V$ に対して

$$\deg^-(v)=\deg^+(v)=m$$

である（ので $|E| = mn$ である）．これはループを含むので多重有向グラフである．これを，m 個のシンボルに対する n 次元**ド・ブラングラフ** (de Bruijn graph) といい，$\mathcal{B}_{m,n}$ で表す．

たとえば $\mathcal{B}_{2,3}$ は，簡単のため $S = \{0, 1\}$ とすれば，

$$\begin{aligned} V &= \{000, 001, 010, 011, 100, 101, 110, 111\}, \\ E &= \{(000, 000), (000, 001), (001, 010), (001, 011), \\ &\quad (010, 100), (010, 101), (011, 110), (011, 111), \\ &\quad (100, 000), (100, 001), (101, 010), (101, 011), \\ &\quad (110, 100), (110, 101), (111, 110), (111, 111)\} \end{aligned}$$

である．$\mathcal{B}_{2,3}$ を図示すると

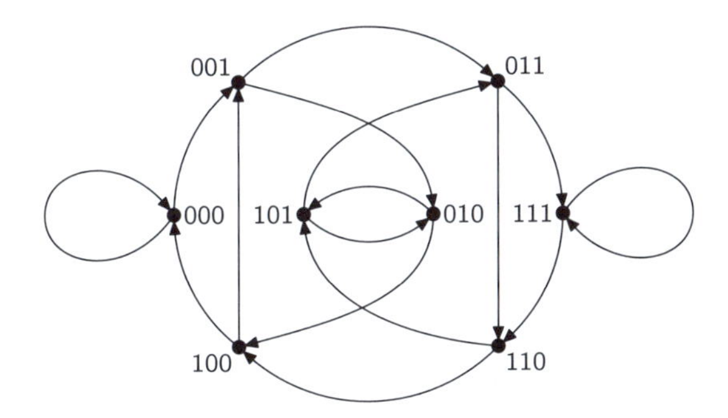

のようになる．さてところで，$\mathcal{B}_{2,3}$ のすべての頂点を通る閉路を考えてみよう．たとえば

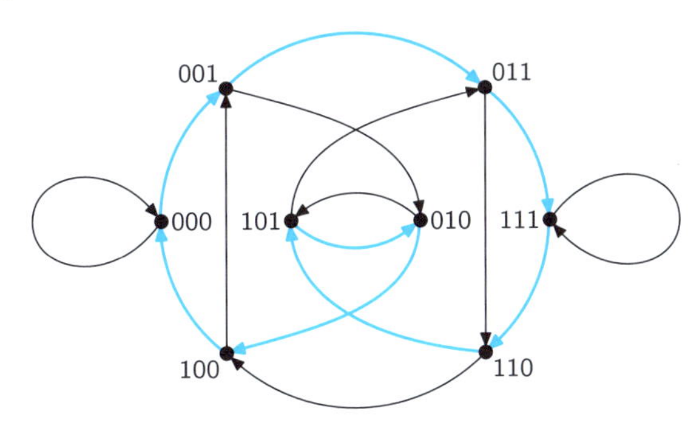

はそのような一例である．このことは，0 と 1 の列

$$0001110100$$

の中に $000, 001, \ldots, 111$ という 8 つの文字列が部分列としてちょうど 1 回ずつ現れることを意味している． □

例 5.10　シンボルの集合を $S = \{\mathsf{A}, \mathsf{T}, \mathsf{G}, \mathsf{C}\}$ とするとゲノム解析的な気分が出る．たとえば

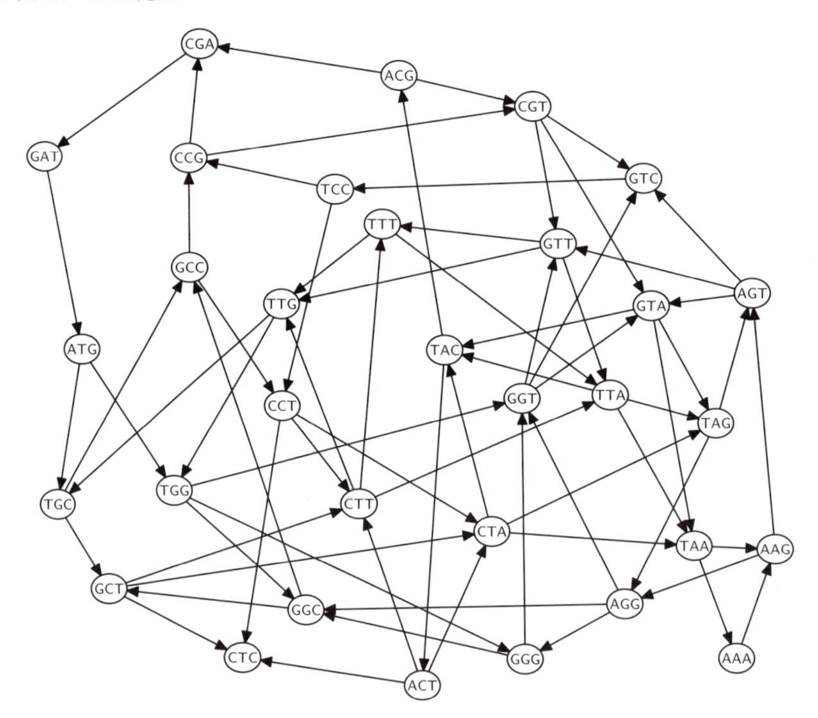

は $\mathcal{B}_{4,3}$ のある誘導部分グラフを考えていることになる．このようなグラフを用いた考え方が，短く刻まれた DNA の断片たちの情報から，刻まれる前のオリジナルの DNA の列を復元する，といった場面で使われる． □

第 5 章　章末問題

問題 5.1　多重グラフ G が連結であるための必要十分条件は，辺の縮約を繰り返して G をブーケにすることができることである．なぜか？

問題 5.2　例 5.10 のグラフにおいて，すべての頂点を 1 度ずつ通る道の例を 1 つ挙げよ．

第6章

森　と　木

現実世界で多く見られるグラフ構造の 1 つが木である．組織などにおける系統図や計算機におけるディレクトリ構造などが木で表現されるものの例として挙げられるだろう．この章では木に関する初歩的な事実をいくつか取り上げる．

6.1 森　と　木

閉路を含まないグラフを**森** (forest) と呼ぶ[1]．連結な森を**木** (tree) と呼ぶ．森の連結成分は木である．森において，次数が 1 の頂点を**葉** (leave) と呼ぶ．これらの用語のふさわしさは具体例を絵に描いてみると納得されるだろう．

例 6.1　木の例を 2 つ示す．青く塗られた頂点が葉である．

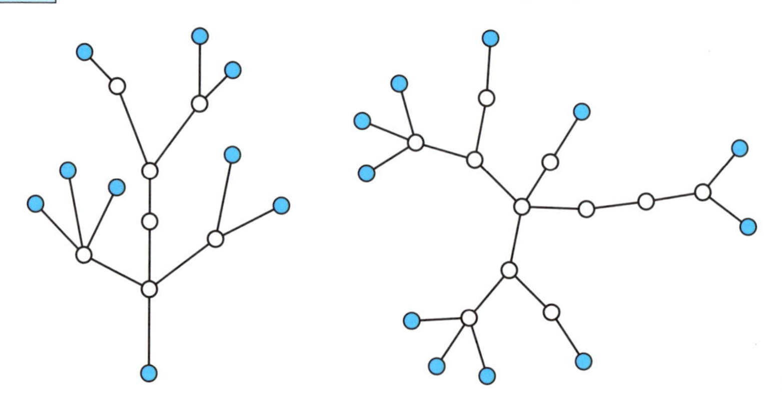

□

例 6.2　道 $\mathcal{P}_n$ は位数 n の木である．

$\mathcal{P}_4$

□

[1]林と呼ぶ人もいる．森林と呼ぶのも良いかもしれない．

例 6.3　星グラフ $\mathcal{K}_{1,n}$ は位数 $n+1$ の木である．

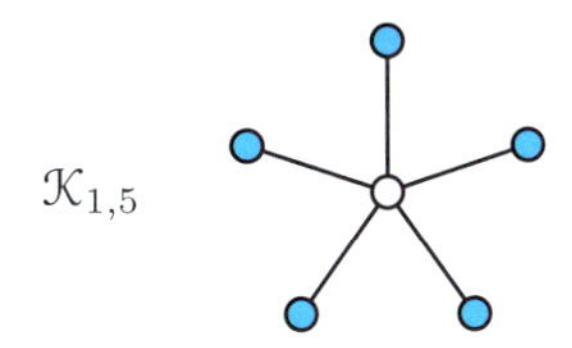

□

例 6.4　迷路

において，その壁の部分は 2 つの連結成分からなる森であると考えられる．

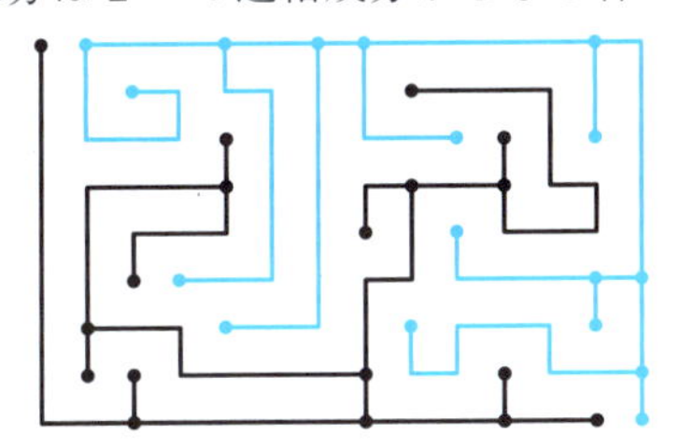

また通路部分は木であると考えられる．入口と出口に当たる頂点以外の葉は「行き止まり」である．

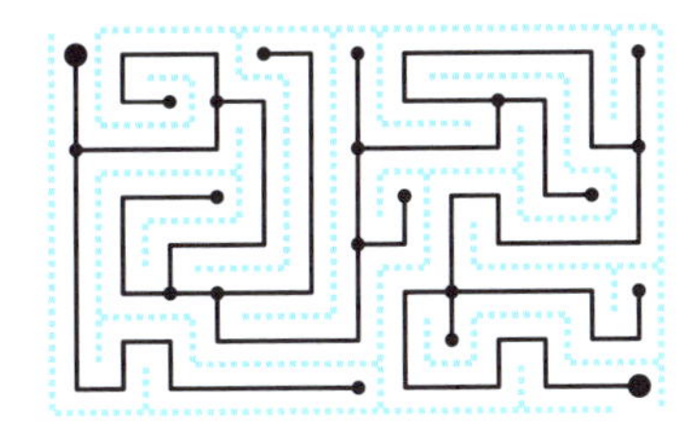

迷路を解くというのは，通路部分がなす木において，入口に当たる頂点と出口に当たる頂点を結ぶ道を見つけること，ということになる．　□

練習問題 6.1 上の例のような迷路に入ったらすぐに右の壁（左の壁でも良い）に手を当てて，ずっと壁を触りながら歩き続けると必ず出口にたどり着ける．なぜか？

位数の小さな木

頂点数が小さいところで，木を列挙してみよう．

位数 1 の木は自明なグラフのみである．位数 2 の木は

のみである．位数 3 の木は

のみである．つまり頂点が 3 個以下の木は道である．

位数 4 の木は

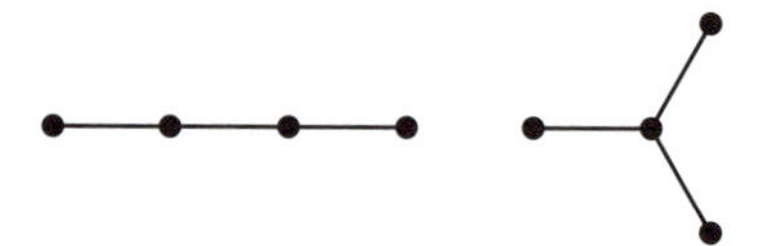

の 2 つある．位数 5 の木は

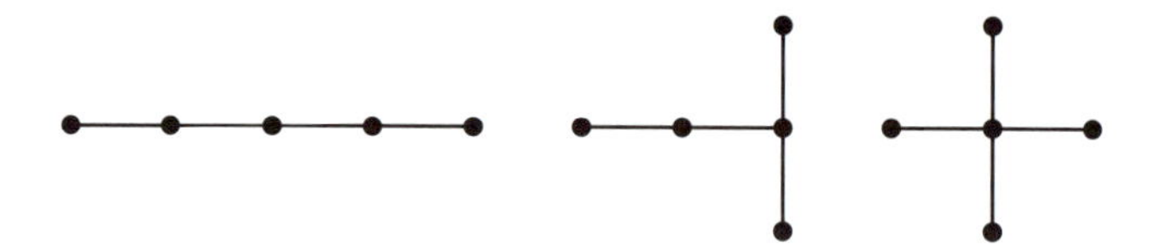

の 3 つある．

練習問題 6.2 位数 6 の木を列挙せよ（ヒント：6 個ある）．

練習問題 6.3 位数 7 の木を列挙せよ（ヒント：11 個ある）．

注意 位数 n の木の個数がなす数列のデータがオンライン整数列大辞典の以下のページ

`http://oeis.org/A000055`

に掲載されている．

ここで言葉を１つ．頂点数が１個の木，つまり自明なグラフを**自明な木**と呼び，頂点数が２個以上の木を**非自明な木**と呼ぶことにする．

具体例から見て取れるように，非自明な木には葉が少なくとも２つある．たとえば，木の中で最も離れた２頂点に着目すると，それらはいずれも葉のはずである（葉でなければ，もっと離れた頂点が存在するはずである）．自明な木には葉がない．

練習問題 6.4 葉がちょうど２個であるような木とはどのようなグラフであろうか？

6.2 木についての簡単な考察

森はいくつかの木からなるので，以下では主として木について考察していこう．

6.2.1 部分グラフ

森は閉路を含まないので，その部分グラフも当然，閉路を含まない．つまり，森の任意の部分グラフは森である．

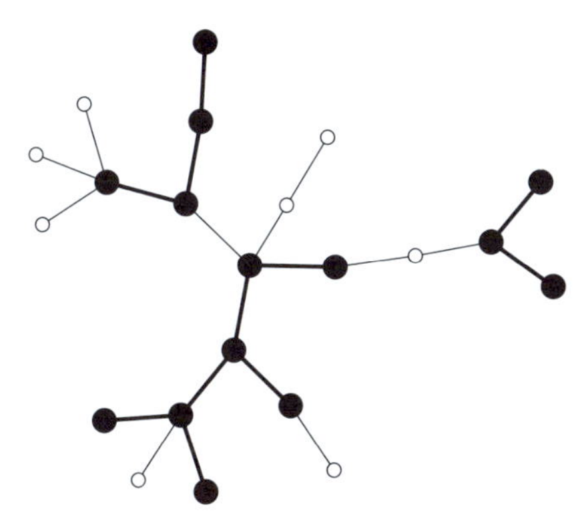

たとえば上の図（木の一例である）において，太い線と黒丸で描かれた辺と頂点がなす部分グラフは森になっている．

6.2.2 辺の削除

木において，辺を1つ取り除くと，非連結になる．

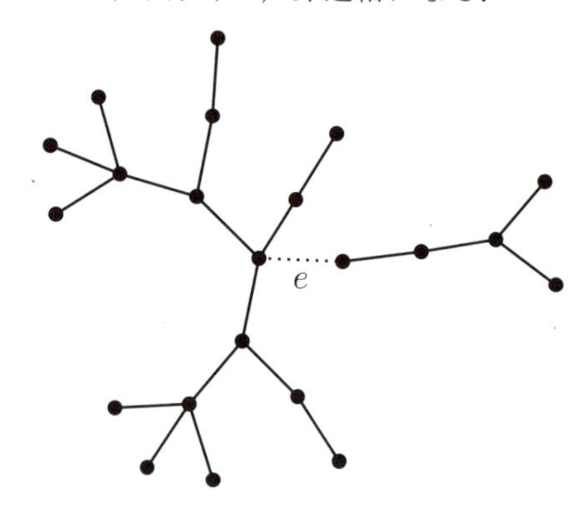

なぜか．辺 $e = xy$ を取り除いて部分グラフ $G' = G - e$ を作る．G' が連結ならば x と y を結ぶような G' の道 P があるが，$G' \subset G$ なので P は当然 G の道でもある．P の始点 x と終点 y を辺 e で結ぶと G の閉路ができてしまう．これは G が木である（閉路を含まない）ことに反するので，ありえない．よって G' は非連結でなければならない，というわけである．

対照的に，連結グラフ G が閉路 C を含むときは，C 上の辺ならばどれを1つ抜き取っても連結性が保たれる．C 上の任意の異なる2頂点は2つの異なる道で結ばれているからである（連結度の章（第7章）も参照）．

この考察から次が分かった．

定理 6.5　グラフ $G = (V, E)$ に対して，
G は木 $\iff$ G は連結で，かつ任意の $e \in E$ に対して $G - e$ は非連結である．

6.2.3 位数とサイズの関係

非自明な木から葉を1枚むしり取る（葉を取り除き，その葉に接続する唯一の辺も同時に取り除く）と，その結果もまた木である．閉路を含まないという性質と連結性のいずれも，葉を1枚むしっても保たれるからである．葉をどんどんむしっていくと，最後は頂点が1つだけ残る（つまり自明な木になる）．

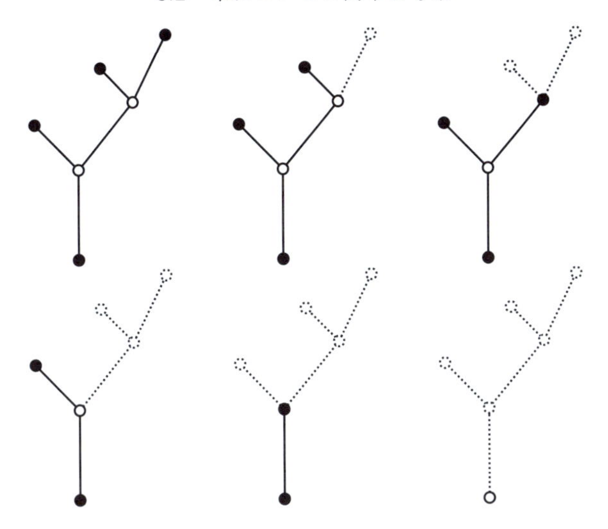

この考察から次の命題が導かれる．

命題 6.6　$G=(V,E)$ が木ならば

$$|V|=|E|+1$$

が成り立つ．

位数とサイズの差は「葉を 1 枚むしる」という操作で不変である，というのが要である．

逆に，新たに「葉を 1 枚生やす」（新たな頂点を 1 つ加え，それを既存の頂点のうちの 1 つと結ぶ）という操作でも，頂点と辺が共に 1 つ増えるので，位数とサイズの差は当然変わらない．連結なグラフに葉を 1 枚生やしても変わらず連結である．また，閉路を持たないグラフに葉を 1 枚生やしても，付け加える辺は新たに閉路を形成しないので，結果はやはり閉路を持たないグラフになる．というわけで，次の命題が成り立つ．

命題 6.7　自明な木から始めて，そこに葉を 1 枚生やすという操作を繰り返し施して得られるグラフは，木である．任意の木はこのようにして構成することができる．

練習問題 6.5　$G=(V,E)$ を木とし，$x,y\in V$ を隣接していない 2 頂点とする．G に辺 $e=xy$ を付け加えたグラフ $G'=G+e$ を作ると，G' は木ではない．この理由を説明せよ．

練習問題 6.6　すべての頂点が葉であるような木は $\mathcal{P}_2$ だけである．この理由を説明せよ．

6.2.4 木の上の道

$G=(V,E)$ を木とする．木 G は連結なグラフなので，異なる 2 頂点 $x,y\in V$ に対して，x と y を結ぶ道が必ずあるが，実はちょうど 1 つしかない．

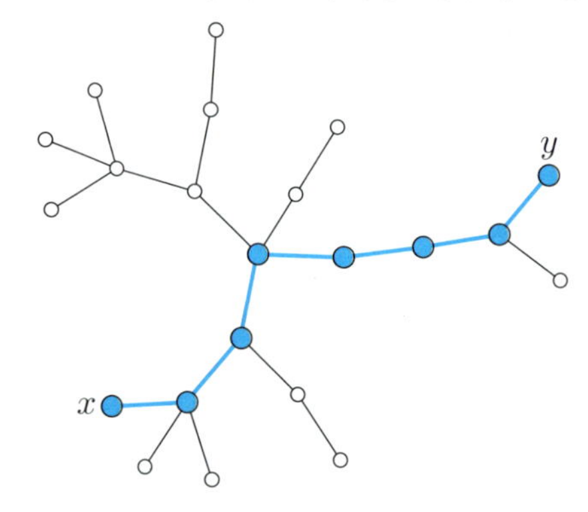

仮に x と y を結ぶ道が 2 つあったとし，それらを P_1,P_2 とする．P_1 と P_2 は x から出発し，途中までは一致するかもしれないが，やがてどこかで分岐するはずであるから，最初の分岐点を x' としよう．その後，P_1 と P_2 は違う道を進んでいくが，どちらも同じ終点 y を目指すので，どこかで再び交わる（共通の頂点を通る）はずである．x' 以降の最初の交点を y' としよう．すると，x' から P_1 側の道を進み，y' から P_2 側の道を逆にたどると x' に帰ってくるので，これは閉路である．ところが G は木であった．つまり閉路を含まないはずである．よって，これは矛盾である．

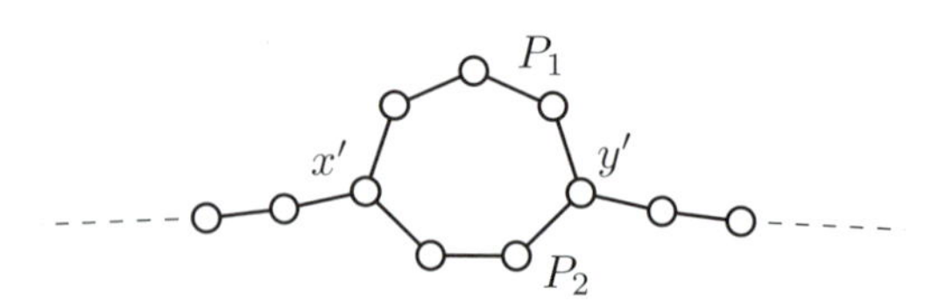

以上の考察をまとめると，次の命題が得られたことになる．

命題 6.8 $G = (V, E)$ が木ならば，任意の相異なる 2 頂点 $x, y \in V$ に対して，x と y を結ぶ道が唯一つだけ存在する．

6.3 木の特徴付け

命題 6.9 グラフ $G = (V, E)$ において $|V| = |E| + 1$ が成り立つとき，G が連結であることと G が閉路を持たないことは同値である．

[証明] G が閉路を持たないとき，章末問題 6.1 により G の連結成分の個数は $|V| - |E| = 1$ なので，G は連結である．

逆に G が連結であるとき G は閉路を持たないことを，$|V|$ に関する数学的帰納法によって示そう．$|V| = 1$ のとき G は自明なグラフなので明らかである．$|V| = n$ のときに主張が成り立つと仮定して $|V| = n+1$ の場合を考えよう．G には次数 1 の頂点が少なくとも 1 つは存在する（章末問題 6.4）．v_0 を次数 1 の頂点とし，v_0 に接続する唯一の辺を e_0 とおくと，$G-e_0$ は連結であり，$|G - e_0| = n$, $\|G - e_0\| = n-1$ である．よって帰納法の仮定により $G - e_0$ は閉路を持たないので，そこに「毛を 1 本生やした」グラフである G も閉路を持たない．つまり $|V| = n + 1$ のときも主張が成り立つことが示された． □

定理 6.5，命題 6.6，命題 6.8，命題 6.9 の結果をまとめると，次の定理が得られたことになる．

定理 6.10 （木の特徴付け） 無向グラフ $G = (V, E)$ に対して，以下の 5 つの条件は互いに同値である．

(1) G は木である．

(2) G の相異なる 2 頂点は唯一つの道で結ばれる．

(3) G は連結だが，G からどの辺を取り除いても非連結になる．

(4) G は連結で $|V| = |E| + 1$ である．

(5) G は閉路を持たず $|V| = |E| + 1$ である．

6.4 部 分 木

グラフ G の部分グラフ $T=(V', E')$ が木のとき，T を G の**部分木** (subtree) という．特に $V=V'$ のとき，T を G の**全域木** (spanning tree) という．木は連結だから，G が連結グラフでなければ G の全域木はない．

例 6.11 下図のグラフにおいて，青い辺の部分だけに着目すると全域木になっている．

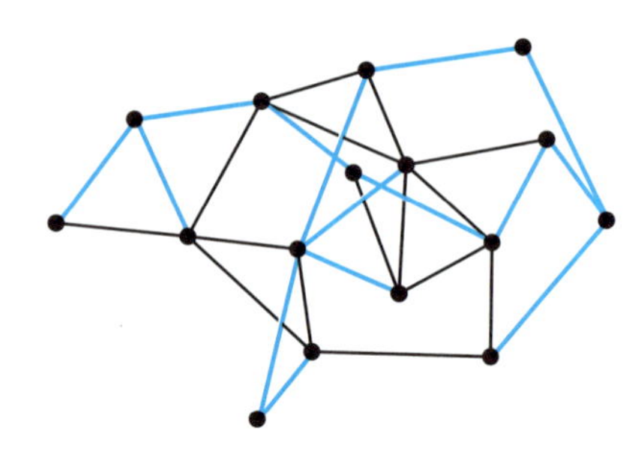

□

練習問題 6.7 グラフ

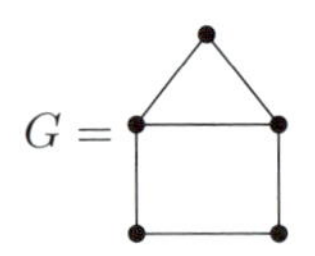

の全域木を列挙せよ（ヒント：全部で 11 個ある）．

木は，そこから 1 本でも辺を取り除くと非連結になってしまうような連結グラフである．従って，連結グラフの全域木とは，そのグラフが表すネットワークの全体的なつながり（連結性）を保ちながら，可能な限り辺を取り除くことで得られる部分グラフであるといえるだろう．第 11 章では，連結グラフの辺ごとに「重み（コスト）」が設定されているとき，重みの総和が最小の（つまりコストを最も低く抑えた）全域木を見つけるための手順を紹介する．

6.5 根 付 き 木

木において，特定の頂点に目印をつけたものを**根付き木** (rooted tree) と呼び，目印を付けられた頂点のことを**根** (root) と呼ぶ．

根を「本部」に，それ以外の頂点を「支部」に例えると，本部に近い支部ほど「立場が強い」と考えることで，頂点たちの間に序列を導入することができる．根を r で表す．x, y を 2 つの頂点とするとき，r と y を結ぶ道の上に x があるとき $x \leq y$ と定める．単純に「根 r からの距離」を比べているわけではないので，比較できない頂点があることに注意する．たとえば上の図において $x \leq y$ だが $x \leq z$ ではない（x と z は比較できない）．

注意　根 r が補給基地で，木は物資の補給経路を表すとすると，$x \leq y$ とは「y に送られる物資は x を経由してやってくる」ということを意味する．x でトラブルが発生して輸送がそこで止まってしまうと，y には物資が送られてこないことになる．逆に y で輸送が止まったとしても，x には既に物資が届いているので問題はない．そのような意味で，x は y に対して優位にある．一方，x で輸送が止まったとしても z には関係がないし，逆に z で輸送が止まったとしても x には関係がない．これが「x と z は比較できない」という意味である．

二分木

ここでは頂点のことをノードと呼ぶ流儀に従う．

根付き木において，あるノード x に対し，それに隣接するノード y が x よりも根に近いとき（つまり木順序に関して $y \geq x$ を満たすとき），y は x の

親ノード (parent node) といい，逆に x は y の**子ノード** (child node) という．根付き木を，根を始祖とする「家系図」に見立てて考えると飲み込みやすい言葉遣いだろう．任意のノードが子ノードを高々 2 つ持つような根付き木のことを**二分木** (binary tree) と呼ぶ．同様にして三分木や四分木なども定義される．

例 6.12

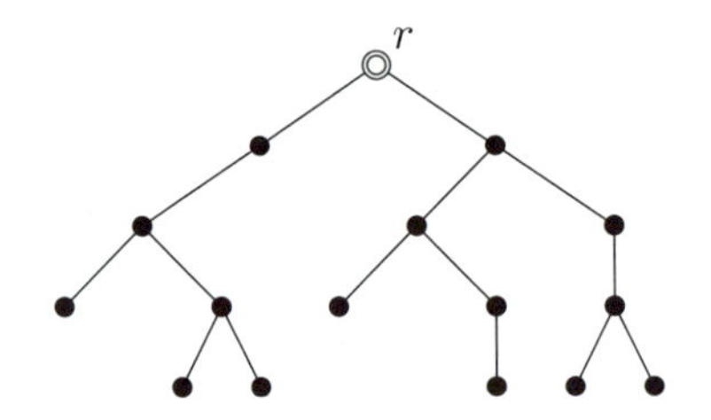

は r を根とする二分木である． □

例 6.13 例 6.4 で挙げた迷路の壁の（黒と青で描かれた）片側ずつ

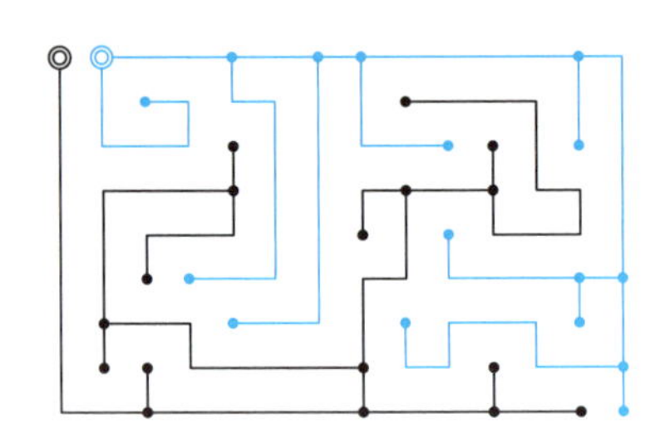

や迷路の通路部分

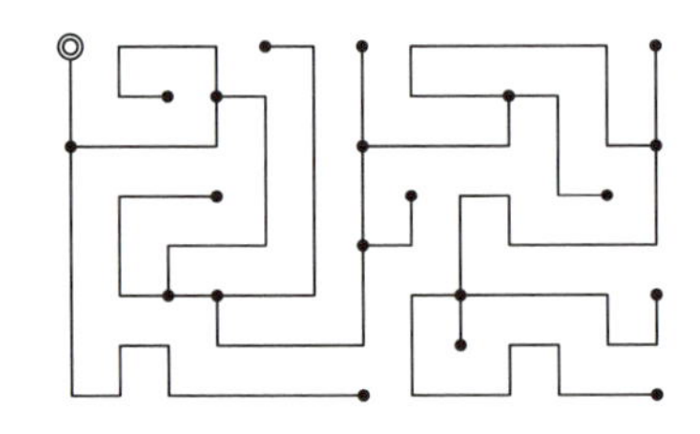

は，入り口直近の（◎で描かれた）頂点を根として選べば三分木になっている（壁の方は二分木になっている）． □

例 6.14 $n \in \mathbb{N}$ に対して,

$$V = \{1, 2, \ldots, n\}, \qquad E = \{\{k, \lfloor k/2 \rfloor\} \mid k = 2, 3, \ldots, n\}$$

によって, 1 を根とする根付き二分木 $T = (V, E)$ が定まる. たとえば $n = 12$ の場合は次のようになる.

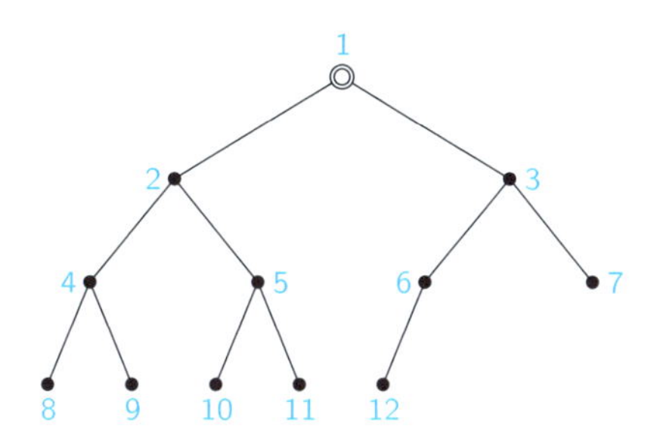

ノード 5 から見て, 2 が親ノードであり, 10 と 11 が子ノードである. □

注意 これは 2 進法を持ち出したほうが見やすい. 頂点を 2 進法で表すと次のようになる.

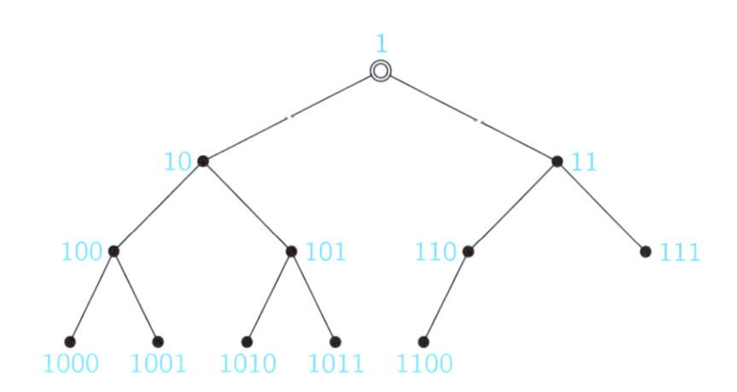

2 進法で表したときの桁数（ビット長）が同じ頂点たちが同じ「高さ」に並んでいる. 根以外の頂点は, そのビット列の最下位を削除したビット列に対応する頂点（親ノード）と辺で結ばれている. 逆に, 葉以外の頂点は, そのビット列の最下位に 0 または 1 を追加したビット列に対応する頂点（子ノード）と辺で結ばれている.

注意 このような二分木はヒープソートと呼ばれるソーティングに利用される.

深さ優先探索

r を根とする根付き木 $T=(V,E)$ において，r から出発して，ある頂点 $x\in V$ を探す旅に出ることを考えよう．木 T のグラフを下図のように「ふくらませる」ことで，木をすっぽりと覆う「ひとつながりの輪っか（青い線で描かれている部分)」が得られるだろう．

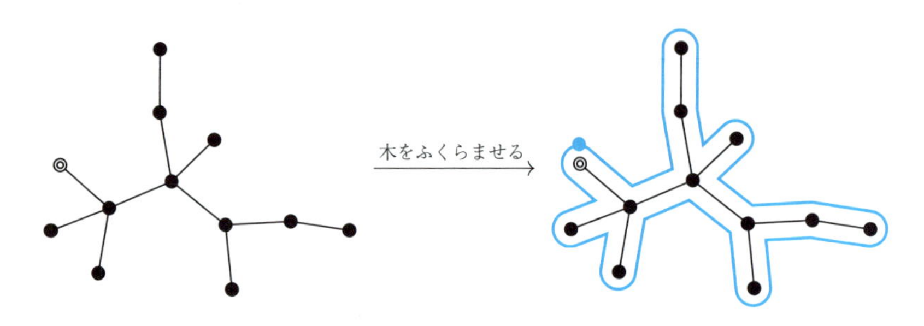

根 r のすぐ近く（図中の青い点）から出発して輪っかに沿うようにして T 上を巡ると，T のすべての頂点を通過して r に戻ってくるような経路が得られるので，どこかで必ず x が発見されるはずである．このような原理に基づいた頂点 x の探索を，根付き木における**深さ優先探索** (depth-first search) と呼ぶ．

第 6 章　章末問題

問題 6.1　$G=(V,E)$ が k 個の連結成分を持つ森であるとすると

$$|V|=|E|+k$$

が成り立つ．なぜか？

問題 6.2　n を自然数とする．頂点が $n+1$ 個の木のうちで，葉の個数が最大のものはどのようなグラフか？

問題 6.3　木で辺の縮約をした結果も木になる．なぜか？

問題 6.4　命題 6.9 の証明の中で用いた

連結グラフ $G=(V,E)$ において $|V|=|E|+1$ が成り立つとき，$|V|>1$ ならば G には次数 1 の頂点が少なくとも 1 つは存在する

という事実を証明せよ（ヒント：握手補題を利用する）．

問題 6.5　$n \geq 3$ とする．$\mathcal{C}_n$ の全域木はいくつあるか？

第7章
連　結　度

連結なグラフで表現されるネットワーク上では，あらゆるノードが互いに連絡できる．それで十分ではないかという気もするが，しかし，ある 1 点での連絡が災害等で失われると孤立してしまう集落が存在するようなネットワークは危うい．そのような場合でも連絡が保たれるようなバックアップがある方が安心である．この章ではグラフの連結度について紹介するが，それは“どの程度の規模の災害まで連絡を保てるか”という意味でのネットワークの安心度を表している．

7.1 連　結　度

グラフ $G=(V,E)$ において，任意の相異なる頂点 $x, y \in V$ に対して，x と y とを結ぶ互いに独立な道が k 個存在するとき，G は **k-連結** (k-connected) であるという．ただし，x と y を結ぶ 2 つの道が独立であるとは，2 端点 x, y 以外に共通の辺や頂点を持たないことを意味する．

例 7.1 次のグラフにおいて，頂点 x と y とを結ぶ独立な道が，右図の青い線で示すように 4 つある．

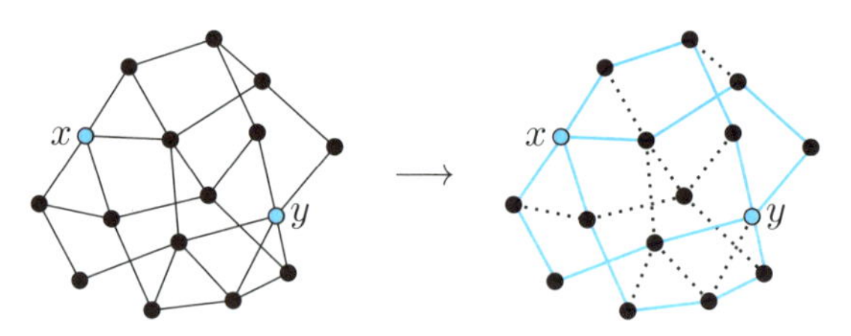

□

G が k-連結であるが $(k+1)$-連結ではないとき，G の**連結度** (connectivity) は k であるという．G の連結度を $\kappa(G)$ で表す．

練習問題 7.1 $G=(V,E)$ が k-連結ならば，任意の $v \in V$ に対して $\deg(v) \geq k$ であることを示せ．

練習問題 7.1 から，G の連結度は頂点の次数の最小値以下である，つまり

$$\kappa(G) \leq \min_{v \in V} \deg(v)$$

となることが分かる．特に G が k-正則グラフならば $\kappa(G) \leq k$ である．また，G が k-連結ならば $|G| > k$ であることも分かる．任意の頂点は k 個以上の頂点からなる近傍を持つからである．

例 7.2 連結なグラフは当然，1-連結である． □

例 7.3 サイクル $\mathcal{C}_n$ は 2-連結である（どの 2 点に対しても，それらを結ぶ道が「反時計回り」と「時計回り」の 2 通りあるから）．

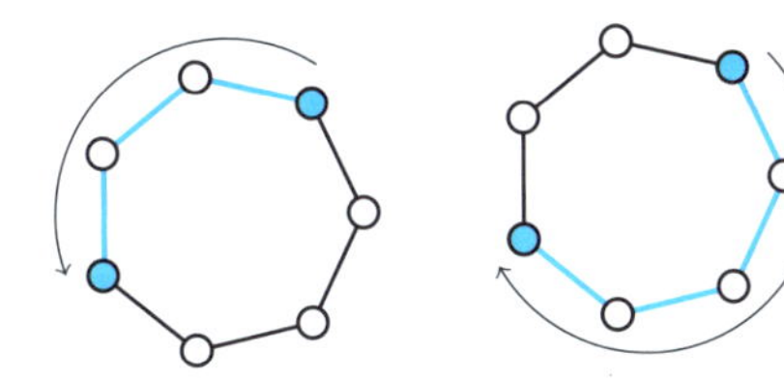

よって $\kappa(\mathcal{C}_n) \geq 2$ である．一方，$\mathcal{C}_n$ は 2-正則だから $\kappa(\mathcal{C}_n) \leq 2$ である．よって $\kappa(\mathcal{C}_n) = 2$ ということになる． □

例 7.4 $n \geq 3$ のとき，完全グラフ $\mathcal{K}_n$ は $(n-1)$-連結である．実際，異なる 2 頂点 x, y を任意に取るとき，

(i) x と y を直接つなぐ道 (x, xy, y),

(ii) x, y のどちらとも異なる頂点 z を選び（$n-2$ 通りの選び方がある），z を経由する道 (x, xz, z, zy, y)

の $n-1$ 個の独立な道が x と y を結ぶ． □

練習問題 7.2 $\mathcal{K}_5$ において適当に異なる 2 頂点を選び，それらを結ぶ独立な 4 つの道を描け．

練習問題 7.3 グラフ

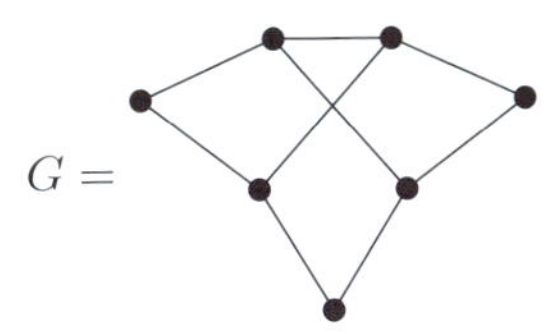

は 2-連結であることを確かめよ．

グラフ G が交通網を表すとき，G が k-連結であるとは，$k-1$ 箇所まではどの辺の連絡が寸断されても「孤立集落」が発生しないことを意味する．連結度が 1 のグラフは，連結であるが，「ここで連絡が寸断されると連結性が失われて孤立集落が発生する」という危うい点があるグラフということになる．

例 7.5 G を非自明な木とする．G は連結なので 1-連結だが，次数 1 の頂点（葉）を持つので $\kappa(G) \leq 1$ である．つまり $\kappa(G) = 1$ である． □

2-連結グラフの作り方

サイクルから始めて，

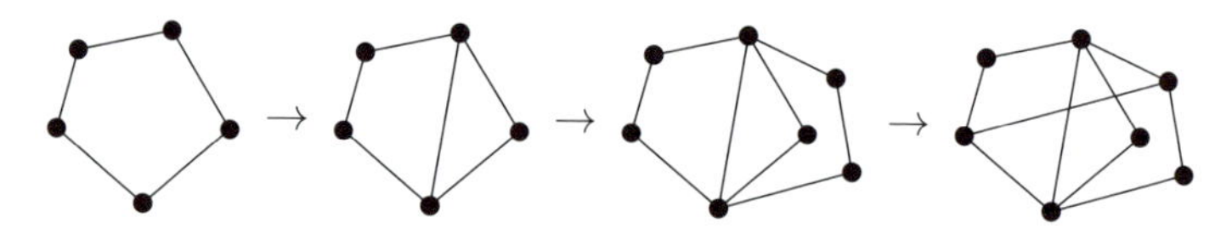

のように「既存の 2 頂点を結ぶような新たな道を外部に追加する」という操作を続けて得られるグラフを考えると，それは 2-連結なグラフになる．

この操作を模式的に表すと下図のようになる（黒の部分が既存のグラフ，青の部分が付け加える外部の道）．既にある 2-連結グラフ G に「外部の道」を付け加えてグラフ G' を作る．

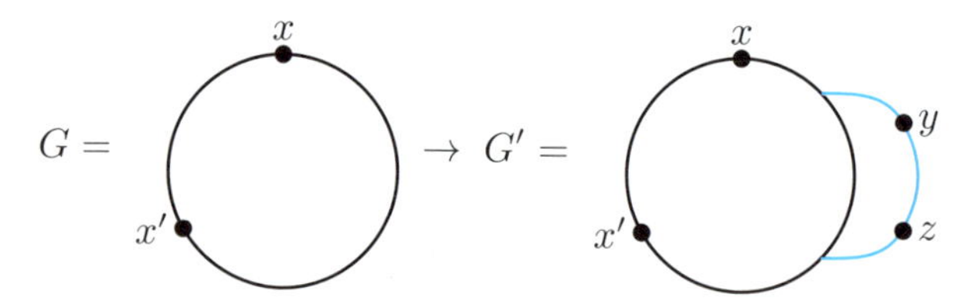

元々あったグラフ G の 2 頂点 x, x' は当然，G' においても 2 つの独立な道でつながっている．y, z は新たに付け加えられた頂点とする．x と y，y と z は，いずれのペアも G' において独立な 2 つの道でつながっていることが分かるだろう．従って G' も 2-連結となるのである．

実は，任意の 2-連結グラフは，上述のような構成によって作ることができる．

練習問題 7.4 練習問題 7.3 のグラフ G は上述のような操作で得られることを確かめよ．

練習問題 7.5 ピーターセングラフ（例 3.19 参照）は 2-連結であることを確かめよ．

3-連結グラフの作り方

次の事実が知られている.

定理 7.6 $G = (V, E)$ と $G' = (V', E')$ を 2 つのグラフとし，ある $xy \in E$ に対して $G' = G/xy$ であるとする．$\deg(x), \deg(y) \geq 3$ のとき，G' が 3-連結ならば G も 3-連結である.

この定理から，グラフ G から始めて，両端点の次数が 3 以上の辺をどんどん縮約していって $\mathcal{K}_4$ に変形できたら，G は 3-連結であることになる.

練習問題 7.6 正八面体グラフ

$G =$ 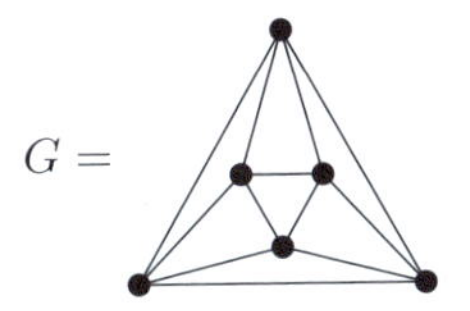

は 3-連結であることを確かめよ.

最も簡単な 3-連結グラフである $\mathcal{K}_4$ から始めて，「次数が 3 以上の頂点を結ぶ辺をつぶす」操作の逆に相当するような操作を繰り返して得られるグラフは 3-連結であるといえる．たとえば

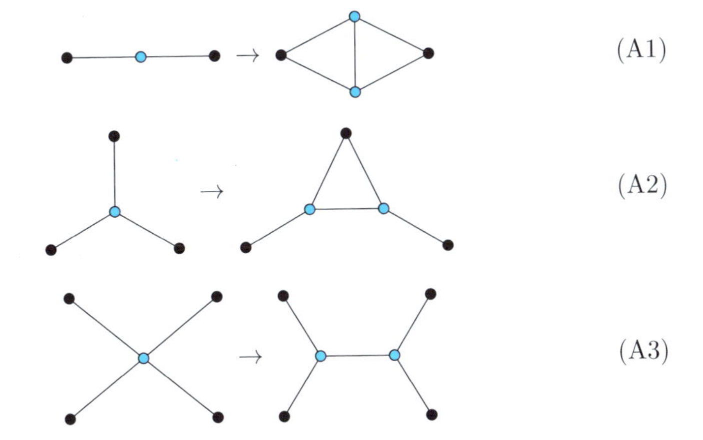

といった類の変形操作によって 3-連結性は保たれることになる.

例 7.7 $\mathcal{K}_4$ から始めて (A1) の操作を繰り返し施して

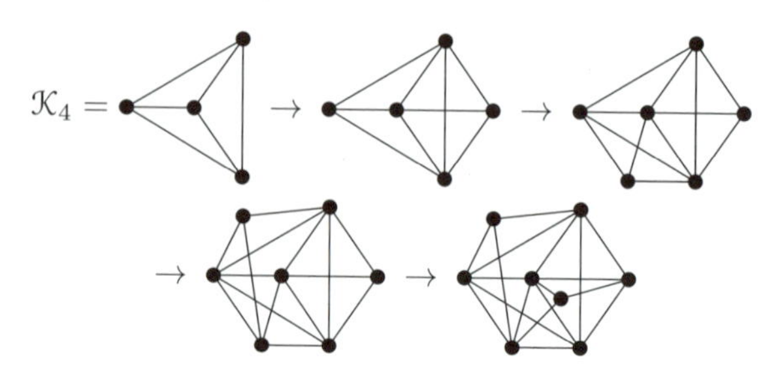

のように頂点と辺を加えていくと，得られるグラフたちは 3-連結グラフである． □

7.2 グラフの分離

$G = (V, E)$ をグラフとする．$A, B \subset V$ とする．

$X \subset V$ が A と B を**分離する** (separate) とは，A の頂点と B の頂点とを結ぶ道は必ずある $v \in X$ を通ることをいう．特に $\{v\}$ $(v \in V)$ が A と B を分離するとき，v は A と B を分離するという．X によって分離される $v, w \in V \setminus X$ が存在するとき，X は G を分離するという．

同様に，$Y \subset E$ が A と B を分離するとは，A の頂点と B の頂点とを結ぶ道は必ずある $e \in Y$ を通ることをいう．特に $\{e\}$ $(e \in E)$ が A と B を分離するとき，e は A と B を分離するという．

例 7.8 次のグラフを G とし，薄い青の頂点の全体を A，濃い青の頂点の全体を B とする．2 重丸の頂点の全体を X，太い線の辺の全体を Y とすると，X は A と B を分離し，また Y は A と B を分離する．

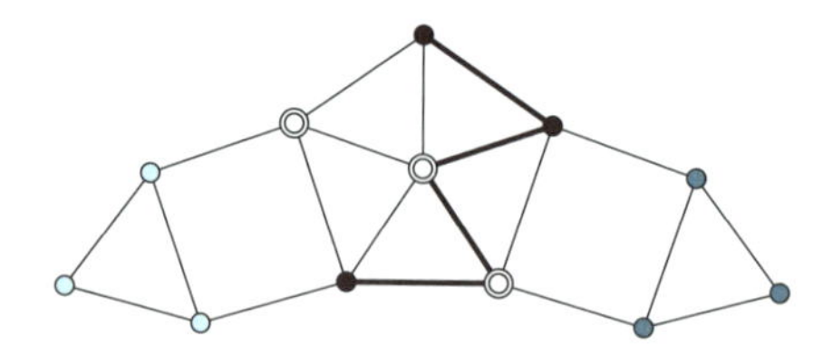

□

例 7.9 次のグラフを G とし，薄い青の頂点の全体を A，濃い青の頂点の全体を B とすると，2 重丸の頂点 v は A と B を分離する．

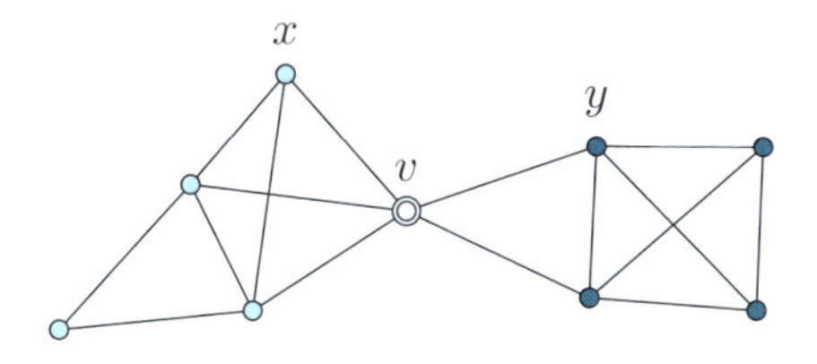

特に，図中の 2 つの頂点 $x, y \in \mathcal{N}(v)$ を分離する． □

例 7.10 次のグラフを G とし，薄い青の頂点の全体を A，濃い青の頂点の全体を B とすると，太い辺 e は A と B を分離する．

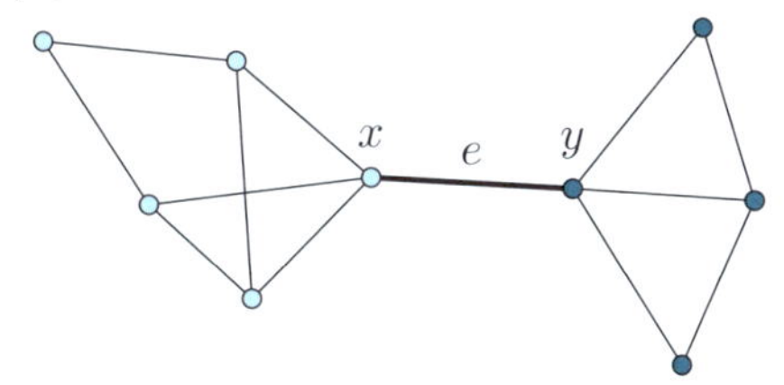

特に，e の 2 つの端点 x, y を分離する． □

例 7.9 のように，v によって分離されるような 2 頂点 $x, y \in \mathcal{N}(v)$ があるとき，v をグラフ G の**切断点** (cutvertex) という．また例 7.10 のように，e がその両端点を分離するとき，e をグラフ G の**橋** (bridge) という．2-連結なグラフは切断点や橋を持たない．

例 7.11

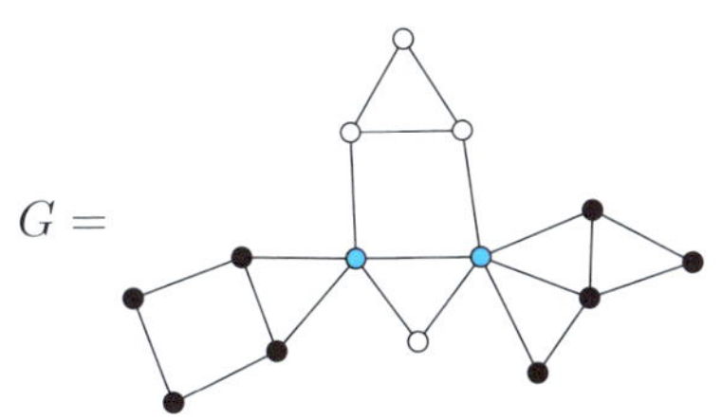

は連結だが 2-連結ではない．実際，黒い頂点と白い頂点を結ぶ歩道を 2 つ作ると，いずれの歩道も必ず同じ青い頂点を通るので，独立な 2 つの歩道を選ぶことができない． □

第7章　章末問題

問題 7.1　任意の多面体グラフは 2-連結である．なぜか？

問題 7.2　$n \geq 3$ のとき，車輪 $\mathcal{K}_1 * \mathcal{C}_n$ は 3-連結である．なぜか？

問題 7.3　$n \geq 4$ のとき，位数 n の 3-連結平面グラフは必ず存在する．なぜか？

第8章 グラフの彩色

どんな地図も 4 色あれば必ず「隣接する領域（国など）を異なる色で塗る」ように塗り分けられるという「四色定理」は有名なので聞いたことのある読者もいるかもしれない．地図の領域を頂点で表し，領域が隣接するときに対応する頂点を辺で結ぶことでグラフができるが，こうして得られるグラフで「隣接する頂点を異なる色で塗る」というのが，地図において上のような領域の塗り分けをすることに相当する．

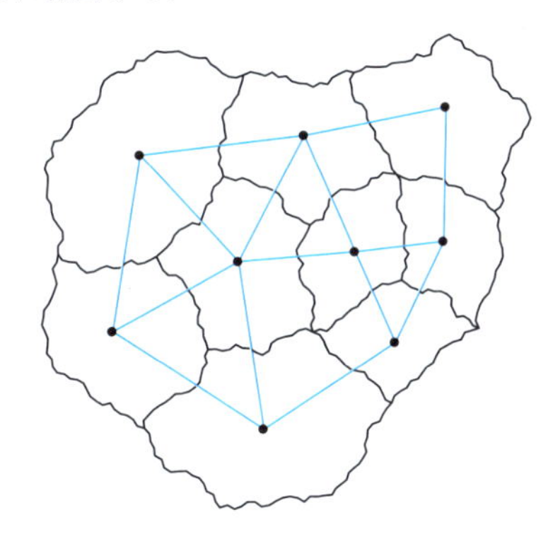

本章では，このような地図の塗り分け問題に端を発するグラフの頂点（や辺）の塗り分けについてかいつまんで紹介する．

8.1 頂点の彩色

グラフ $G=(V,E)$ において，各頂点に「色を塗る」ことを考える．隣接する頂点は同じ色にならないような塗り方のことを，そのグラフの**彩色** (coloring) と呼ぶ．

数学的にきちんと述べると，写像 $c\colon V\to\{1,2,\ldots,s\}$ であって，

$$x,y\in V,\ x\sim y \implies c(x)\neq c(y)$$

を満たすものを G の **s-彩色**と呼ぶ．異なる s 色を数 $1, 2, \ldots, s$ で表しているわけである．

G の s-彩色が存在するとき，G は **s-彩色可能** (s-colorable) であるという．すべての頂点を異なる色で塗れば，それはグラフの彩色になるので，$n = |V|$ に対して G は必ず n-彩色可能である．

例 8.1　下図はグラフの 4-彩色の例である．

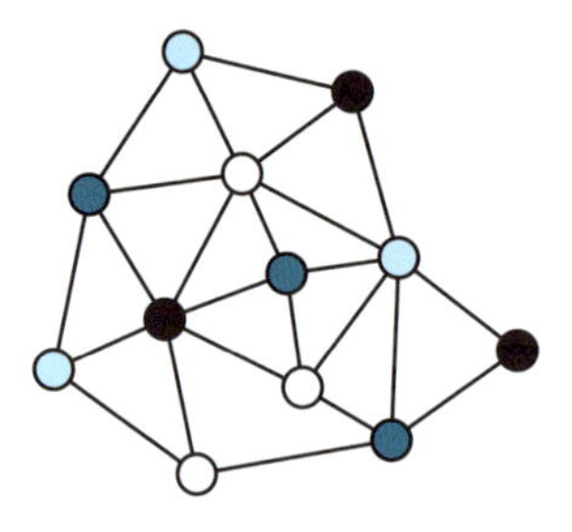

「彩色」の感じが出るように頂点に色を付けているが，これは

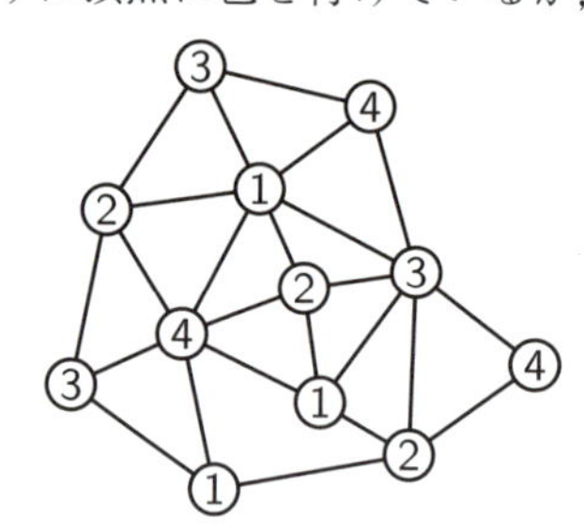

のように頂点ごとに数字を割り当てていると思っても良い (○ $\leftrightarrow$ 1, ● $\leftrightarrow$ 2, ○ $\leftrightarrow$ 3, ● $\leftrightarrow$ 4)． □

練習問題 8.1　上の例のグラフは 3-彩色可能だろうか？

練習問題 8.2　「1-彩色可能なグラフ」とはどんなグラフだろうか？

G が s-彩色可能で，かつ $s' > s$ ならば，G は s'-彩色可能である．では，どれぐらい少ない色数でグラフを彩色できるだろうか，というのは自然な発想であろう．G が s-彩色可能であるが $(s-1)$-彩色可能ではないとき，s を G の**彩色数** (chromatic number) と呼んで $\chi(G)$ で表す．彩色数はグラフの不変量である．

例 8.2 位数 n の完全グラフ $\mathcal{K}_n$ は，n 個の頂点が互いに隣接しているので，すべての頂点を異なる色で塗るしかない．つまり $\chi(\mathcal{K}_n) = n$ である． □

例題 8.3

サイクル $\mathcal{C}_n$ の彩色数 $\chi(\mathcal{C}_n)$ を求めよ．

【解答】 n が偶数のときは頂点を交互に 2 色で塗り分けることができるので $\chi(\mathcal{C}_n) = 2$ である．n が奇数のときは，同じように頂点を交互に 2 色で塗っていくと同じ色の頂点が隣接する箇所が出てくるので，もう 1 色余分に必要である，つまり $\chi(\mathcal{C}_n) = 3$ である．

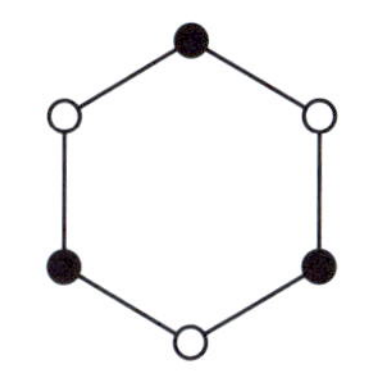
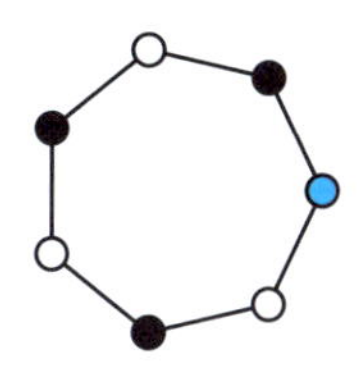

□

G' を G の部分グラフとする．もし G が s-彩色可能ならば，G' も s-彩色可能である．つまり

$$\chi(G') \leq \chi(G)$$

が成り立つ．というわけで，上の例から次の事実が分かる．

定理 8.4 グラフ G が $\mathcal{K}_n$（と同型なグラフ）を部分グラフに含むならば，$\chi(G) \geq n$ である．

練習問題 8.3 以下のグラフの彩色数を求めよ．

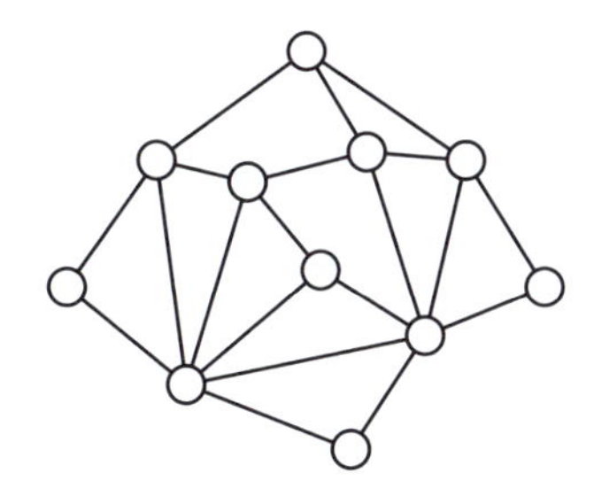

彩色数の大雑把な見積もりとして，次の事実がある．

定理 8.5 G の頂点の最大次数が D ならば，$\chi(G) \leq D+1$ である．

[証明] 頂点を1つずつ取り上げて色を塗っていくとしよう．未着色の頂点 v を任意に1つ取ると，v に隣接する着色済みの頂点は高々 D 個なので，それら着色済みの隣接点とは異なる色を v に塗る．これを続ければ良い． □

グラフ $G=(V,E)$ が2色 — 白と黒にしよう — で彩色されているとする．白い頂点を集めた集合を V_1，黒い頂点を集めた集合を V_2 とおくと，G は (V_1, V_2) を2部分割とする2部グラフである．逆に，G が (V_1, V_2) を2部分割とする2部グラフであったとすると，V_1 の頂点を白で，V_2 の頂点を黒で塗ることで G は2-彩色可能である．つまり，G が2-彩色可能であることと G が2部グラフであることは同じことである．

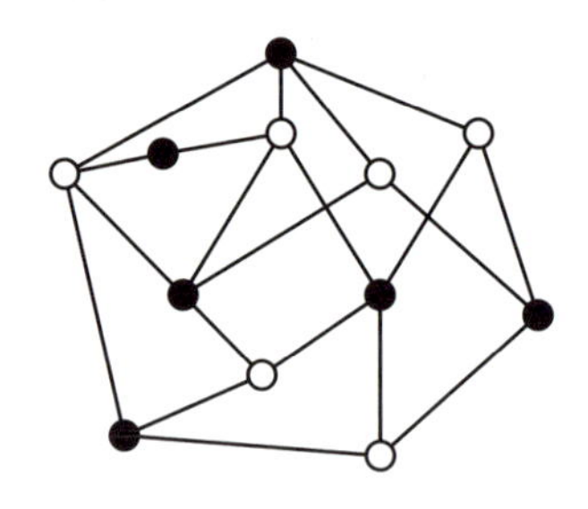

定理 8.6 G が位数2以上の木ならば

$$\chi(G)=2$$

である（G が位数1の木の場合は明らかに $\chi(G)=1$）．つまり，木は2部グラフである．

[証明] 木は白黒の2色で彩色できることを説明する．命題6.7，つまり「木は，1点から始めて，葉を生やす操作を繰り返すことで作られる」ことを思い出す．最初の1点をたとえば白で塗る．葉を生やすごとに，その葉は根元の頂点とは異なる色で塗ることにすれば，白黒2色による木の彩色が得られる． □

8.2 辺 彩 色

頂点ではなく，辺に色を塗ることを考える．グラフ $G=(V,E)$ に対して，

$$c\colon E \to \{1,2,\ldots,s\}$$

であって，e と e' が隣接していれば

$$c(e) \neq c(e')$$

であるものを G の **s-辺彩色** (s-edge coloring) という．G が s-辺彩色可能だが $(s-1)$-辺彩色可能ではないとき，s を G の**彩色指数** (chromatic index) と呼んで $\chi'(G)$ で表す．G の s-辺彩色を考えることは G のライングラフ $L(G)$ の s-彩色を考えるのと同じことである．つまり

$$\chi'(G) = \chi(L(G))$$

である．G' が G の部分グラフのとき，G が s-辺彩色可能ならば G' もそうなので，

$$\chi'(G') \leq \chi'(G)$$

が成り立つ．

例 8.7 $L(\mathcal{C}_n)=\mathcal{C}_n$ なので

$$\chi'(\mathcal{C}_n) = \chi'(\mathcal{C}_n) = \begin{cases} 2 & n \text{ は偶数} \\ 3 & n \text{ は奇数} \end{cases}$$

である．同様に $L(\mathcal{P}_n)=\mathcal{P}_{n-1}$ なので

$$\chi'(\mathcal{P}_n) = \chi(\mathcal{P}_{n-1}) = \begin{cases} 1 & n=1 \\ 2 & n \geq 2 \end{cases}$$

である． □

練習問題 8.4 星グラフの彩色指数 $\chi'(\mathcal{K}_{1,n})$ を求めよ．

彩色指数については次が知られている.

定理 8.8 (**ヴィジング (Vizing) の定理**) G の頂点の最大次数を D とすると

$$D \leq \chi'(G) \leq D + 1$$

が成り立つ.

練習問題 8.5 $\chi'(\mathcal{K}_4)$ を求めよ.

例 8.9 ピーターセングラフは 3-正則グラフなので，彩色指数は 3 か 4 のいずれかのはずである. 4-辺彩色可能であることは，たとえば

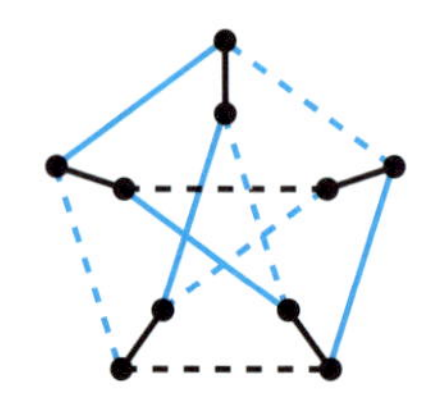

のように色を塗れば良いことから分かる. しかし 3 色で辺彩色することはできない. つまりピーターセングラフの彩色指数は 4 である. □

練習問題 8.6 ピーターセングラフは 3-辺彩色できないことを確かめよ.

● スナーク

グラフ G が**スナーク** (snark) であるとは，以下の条件を満たすことをいう：

- G は連結である.
- G は橋を持たない.
- G は 3-正則グラフである.
- G の彩色指数は 4 である.

一般に 3-正則グラフの彩色指数は 3 か 4 であることがヴィジングの定理から分かるので，最後の条件は「3 色では辺彩色できない」ことを意味する.

例 8.10 ピーターセングラフはスナークである．実際，ピーターセングラフは 3-正則な 2-連結グラフで（だから特に連結で，橋も持たない），彩色指数は 4 である． □

例 8.11 3 以上の奇数 n に対して，頂点集合と辺集合を次のように与えることで定まる位数 $4n$ のグラフ $\mathcal{J}_n$ のことを**花型スナーク** (flower snark) という：

$$V = \{a_1, \ldots, a_n, b_1, \ldots, b_n, c_1, \ldots, c_n, d_1, \ldots, d_n\},$$

$$E = \{a_ib_i, a_ic_i, a_id_i \mid i = 1, \ldots, n\}$$

$$\cup \{c_ic_{i+1}, d_id_{i+1} \mid i = 1, \ldots, n-1\} \cup \{c_1d_n, c_nd_1\}$$

$n = 3, 5, 7$ の場合を描くと次のようになる（a_i, b_i, c_i, d_i に対応する頂点をそれぞれ青，白，黒，灰色で塗っている）．

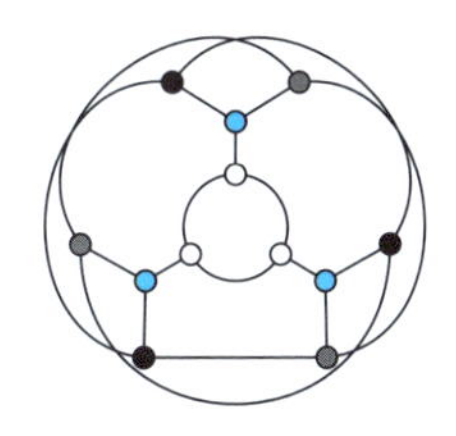
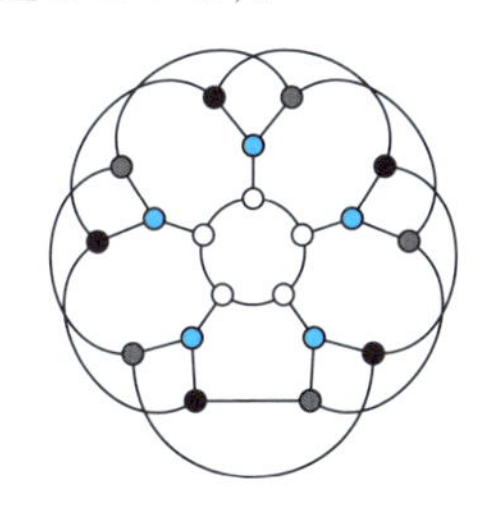
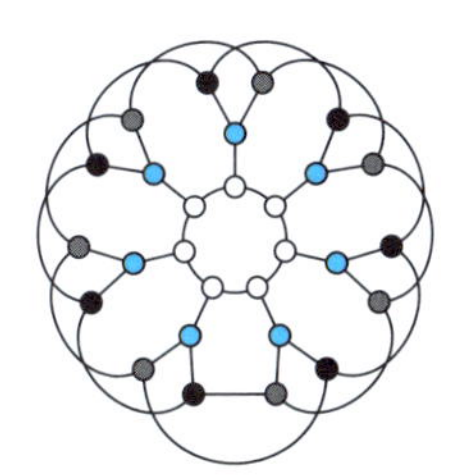

これらは（その名の通り）スナークである． □

練習問題 8.7 位数 12（つまり $n = 3$ の場合）の花型スナークについて，それが実際にスナークであることを確かめよ．

n が偶数の場合にも $\mathcal{J}_n$ を全く同様に定義できる．たとえば $n = 4, 6, 8$ の場合を描くと次のようになる．

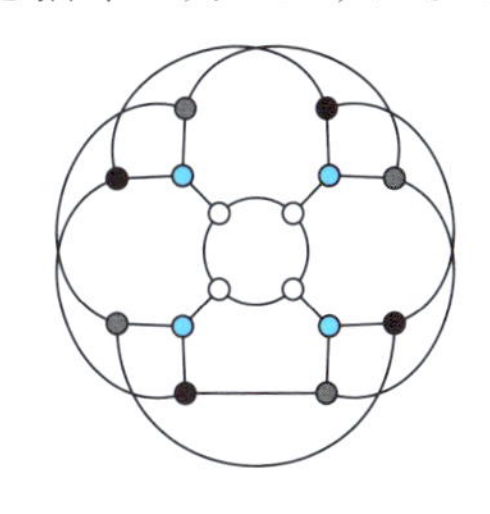
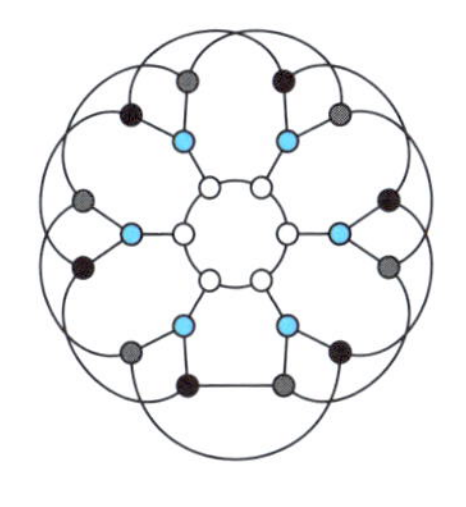
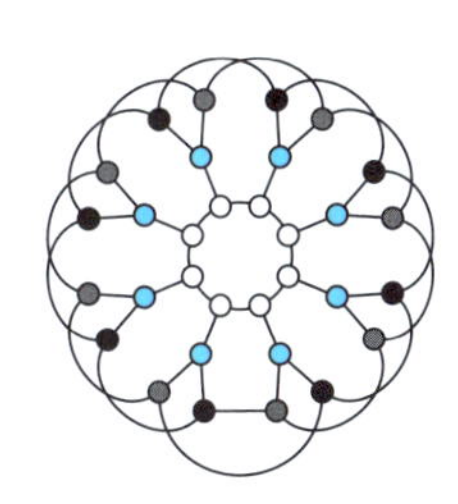

これらの彩色指数は 3 である（つまりスナークではない）．

練習問題 8.8 $\mathcal{J}_4, \mathcal{J}_6, \mathcal{J}_8$ の彩色指数は3であることを確かめよ．

注意 冒頭に触れた「四色定理」は，実は「平面グラフであるようなスナークは存在しない」という命題と同値であることが知られている．なおスナークという名前は，ルイス・キャロル「スナーク狩り」（スナークという架空の正体不明生物を捕まえに行くお話）にちなむらしい（日本語訳としてはたとえば穂村弘によるもの[10]がある）．

練習問題 8.9 $\mathcal{J}_3$ は平面グラフではないことを確かめよ（ヒント：$\mathcal{K}_{3,3}$ をマイナーに持つことを確かめれば良い）．

第8章 章末問題

問題 8.1 m, n $(m \leq n)$ を自然数とする．完全2部グラフ $\mathcal{K}_{m,n}$ に対して $\chi'(\mathcal{K}_{m,n}) = n$ であることを説明せよ．

問題 8.2 5つの正多面体グラフそれぞれについて彩色数と彩色指数を求めよ．

問題 8.3 花型スナークは2-連結である（特に連結かつ橋を持たない）ことを示せ．

問題 8.4 花型スナーク $\mathcal{J}_5$ はピーターセングラフをマイナーに持つことを確かめよ（ヒント：5本の辺を削除し，10本の辺を縮約する）．

問題 8.5 例3.38のグラフの彩色数を求めよ．

第9章 マッチング

女性 m 人と男性 n 人がお見合いパーティに参加した．それぞれの女性参加者は，何人かの「付き合ってみたい男性の候補」を決めてパーティの主催者に伝えた．主催者は，できるだけ多くの女性参加者に希望に沿った相手を紹介したい，どうすれば良いか，といった問題を考えてみよう．このような問題は，状況を表現する適当なグラフを持ち出すことで，できるだけ大きな「互いに隣接しないような辺からなる集合（独立集合）」を見つける問題と捉えられる．本章では，グラフにおける独立な辺集合について，特に 2 部グラフの場合を中心に見ていく．

9.1 マッチング

冒頭で述べた状況をグラフで表す．女性参加者を記号で $x_1, \ldots, x_m$ と表し，男性参加者を記号で $y_1, \ldots, y_n$ と表す．x_i が y_j を「付き合ってみたい」と考えるときに頂点 x_i と頂点 y_j を辺で結ぶことでグラフができる．

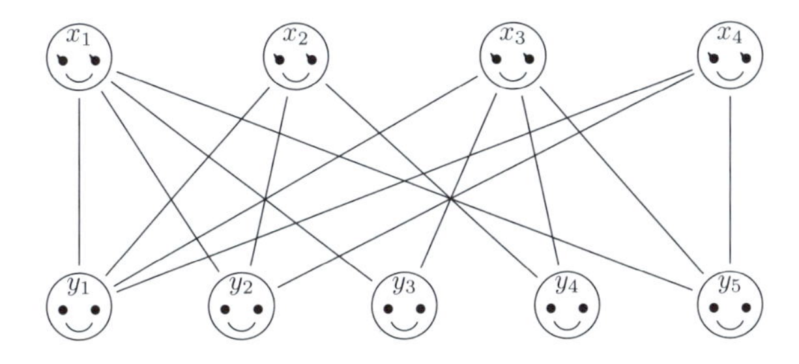

このとき「x_i に y_j を紹介する，と決める」ことは，辺 x_iy_j を選ぶことに対応する．そして

- どの女性にも高々一人の男性しか紹介しない
- どの男性も高々一人の女性にしか紹介されない

という条件を満たすためには，選ぶ辺は互いに隣接しないようにしなくてはならない．というわけで問題は「グラフから，互いに隣接しない辺を，できるだけたくさん選び取る」ことになる．

このような状況を一般的なグラフの場合に定式化しよう．グラフ $G=(V,E)$ において，$M \subset E$ が**独立集合** (independent set) であるとは，M のどの異なる2つの元も独立である（隣接していない）ことをいう．そのような M を G の**マッチング** (matching) とも呼ぶ．頂点 v は，ある $e \in M$ に接続しているとき，M でマッチしているという．すべての頂点が M でマッチしているとき，M を**完全マッチング** (perfect matching) という．

例 9.1 次の図で，青で描かれた辺の集合はいずれにおいてもマッチングになっている．黒く塗られた頂点はマッチングによってマッチしている．右側は完全マッチングである．

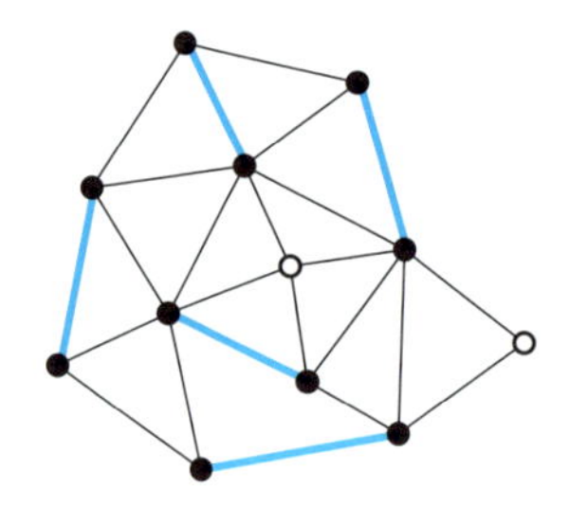
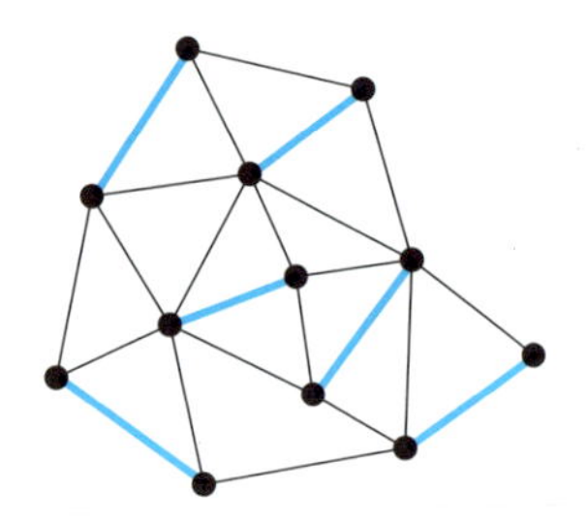

練習問題 9.1 グラフ $G=(V,E)$ が完全マッチングを持つためには，$|G|$ は偶数でなければならない．なぜか？

冒頭で挙げたお見合いパーティの例のように，マッチングは2つの集団の間（物品と引き取り手，役割と人員など）で考えることが多い．それはグラフの言葉でいえば2部グラフを考えることに相当する．以下では主に2部グラフにおけるマッチングについて見ていく．

$F \subset V$ が G の**頂点被覆** (vertex cover)（あるいは単に**被覆**）であるとは，

$$E = \bigcup_{v \in F} E(v)$$

が成り立つこと，言い換えると，G の任意の辺は F のある元に接続していることである．

注意 たとえてみれば，いくつかの頂点に，その頂点に接続するすべての辺をメンテナンスする係を配置して，すべての辺がメンテナンスされるようにしたい，という状況である．

V は当然 G の被覆である．また $F \subset F' \subset V$ のとき，F が G の被覆ならば F' も G の被覆である．できるだけ少ない頂点からなる被覆に価値があるといえるだろう．

例 9.2 以下において黒く塗られた 7 つの頂点たちはグラフの被覆を与えている（確かめよ）．

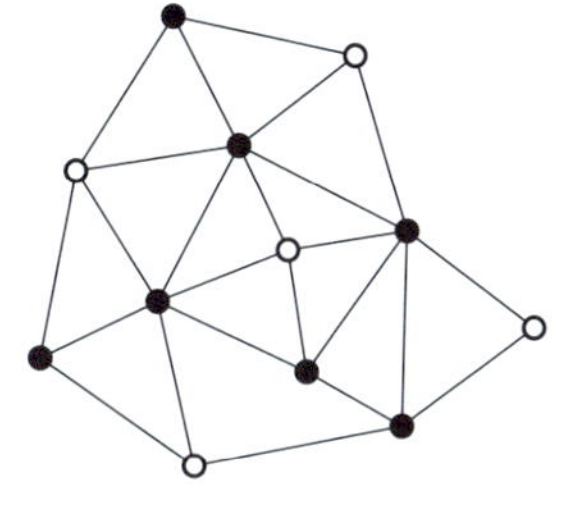

□

練習問題 9.2 グリッドグラフ

$$\mathcal{P}_1 \Box \mathcal{P}_4 =$$

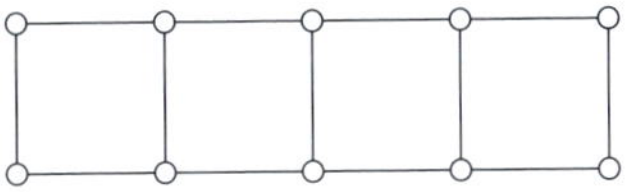

に対して被覆の例を 1 つ挙げよ．

グラフ $G = (V, E)$ において $F = \{v_1, \ldots, v_r\} \subset V$ が G の被覆であるとする．また $M \subset E$ が G のマッチングであるとする．被覆の定義より

$$E(v_1) \cup \cdots \cup E(v_r) = E$$

だから，どの $e \in M$ も $E(v_1), \ldots, E(v_r)$ のうちのどれかに属する．また，$e, e' \in M, e \neq e'$ のとき，$e \in E(v_i), e' \in E(v_j)$ ならば $i \neq j$ である．というのも，もし $i = j$ とすると，e と e' は頂点 v_i で隣接することになり，M がマッチングであることに反するからである．このことから

$$|M| \leq |F|$$

であることが分かる．つまり，もしグラフ G が r 個の頂点からなる被覆を持ったとすると，r 個より多い辺からなる G のマッチングはありえない．

このように，グラフのマッチングと被覆の間には量的な関係があるが，特に2部グラフの場合に限定すると，次のような強い事実が成立する．

定理 9.3 G が2部グラフのとき，G の最大マッチングの辺数と，G の最小被覆の頂点数は一致する．

$G = (V, E)$ が (V_1, V_2) を2部分割とする d-正則2部グラフであるとすると，定理5.8より

$$|V_1| = |V_2|$$

である．V_1 は G の被覆である．また $F \subset V$ が G の被覆であるとすると

$$E = \bigcup_{v \in F} E(v) \implies |E| \leq \sum_{v \in F} |E(v)| = \sum_{v \in F} \deg(v) = d\,|F|$$

より

$$|F| \geq \frac{|E|}{d}$$

である．一方で握手補題により

$$2\,|E| = \sum_{v \in V} \deg(v) = d\,|V| \implies |E| = \frac{d\,|V|}{2}$$

である．これらを組み合わせると

$$|F| \geq \frac{|V|}{2} = |V_1|$$

となる．つまり V_1 は G の最小被覆（の1つ）である．よって G は $|V_1|$ 個の辺からなるマッチングを持つが，それは G の完全マッチングである．というわけで，次の定理が得られた．

定理 9.4 正則2部グラフは完全マッチングを持つ．

冒頭のお見合いパーティの例にちょっと立ち戻ろう．たとえば「参加者の女性のうちのある 4 人の付き合いたい相手が 3 人の男性に集中する」ということが起こったとすると，この 4 人の女性のうちの少なくとも 1 人には希望に沿った男性を紹介できないことになるだろう．つまり，参加者の女性から任意に k 人を選んだとき，この k 人の付き合いたい相手となる男性が k 人以上の範囲にばらけていないと，希望に添えない参加者が出てしまう．これは確かにその通りだと素直に納得しやすいと思う．

なんと実は，このようにばらけていさえすれば，すべての女性参加者の希望に沿った相手を紹介できる，という事実も成り立つ．数学的にきちんとした形で述べると次のようになる．

定理 9.5 （結婚定理） $G = (V, E)$ を (V_1, V_2) を 2 部分割とする 2 部グラフとする．G が V_1 のマッチング（V_1 の頂点がすべてマッチするようなマッチング）を持つための必要十分条件は

$$S \subset V_1 \implies |\mathcal{N}(S)| \geq |S|$$

が成り立つことである．ただし

$$\mathcal{N}(S) = \bigcup_{s \in S} \mathcal{N}(s)$$

は S に属する頂点 s の近傍 $\mathcal{N}(s)$ たちの和集合である．

注意　お見合いパーティの例でいえば，V_1 が女性参加者の集合，V_2 が男性参加者の集合に対応する．そして $\mathcal{N}(S)$ は「S のメンバーが付き合いたいと思う男性の集合」を表すので，$|\mathcal{N}(S)| \geq |S|$ という条件が「付き合いたい男性がばらけている」という状況に対応する．

例 9.6

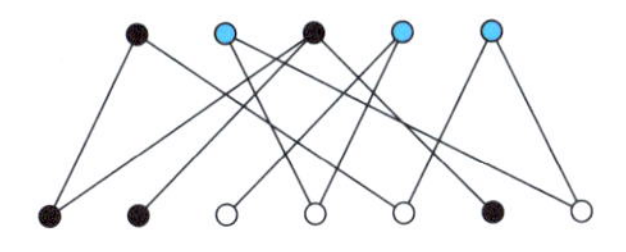

において青く塗られた頂点たちを S とすると，$\mathcal{N}(S)$ は白く塗られた頂点たちである． □

例題 9.7

次のグラフ G には完全マッチングがいくつあるか？

$G =$ $\left(= \mathcal{P}_1 \square \mathcal{P}_2\right)$

【解答】 G の完全マッチングを列挙してみると

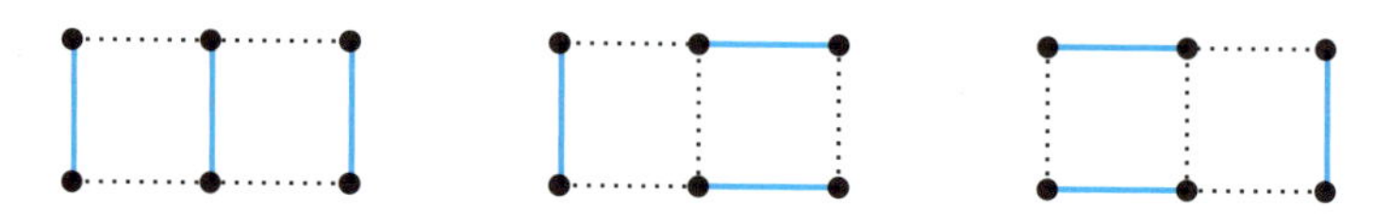

ですべてである．つまり G の完全マッチングは 3 個ある． □

練習問題 9.3 次のグラフには完全マッチングがいくつあるか？

(1) $G_1 =$ $\left(= \mathcal{P}_1 \square \mathcal{P}_3\right)$

(2) $G_2 =$ $\left(= \mathcal{P}_1 \square \mathcal{P}_4\right)$

例 9.8 8 畳間

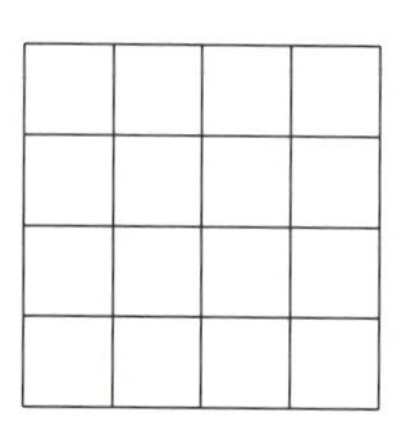

に 8 枚の畳 を敷き詰めるのは，グリッドグラフ $\mathcal{P}_3 \square \mathcal{P}_3$（下図）の完全マッチングを考えるのと同じことである．

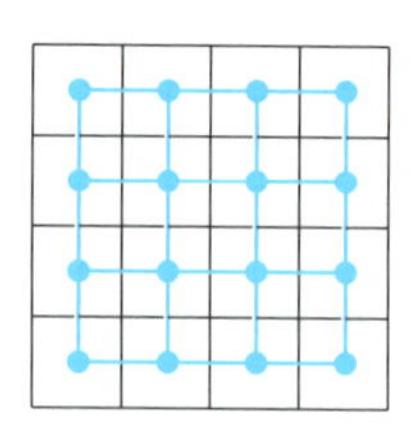

□

第 9 章　章末問題

問題 9.1　一般に自然数 n に対して，グリッドグラフ $\mathcal{P}_1 \square \mathcal{P}_n$ の完全マッチングの個数を a_n とおくと，a_n はいくつか？

問題 9.2　次のような部屋を「畳」で敷き詰めるやり方はそれぞれ何通りあるか？

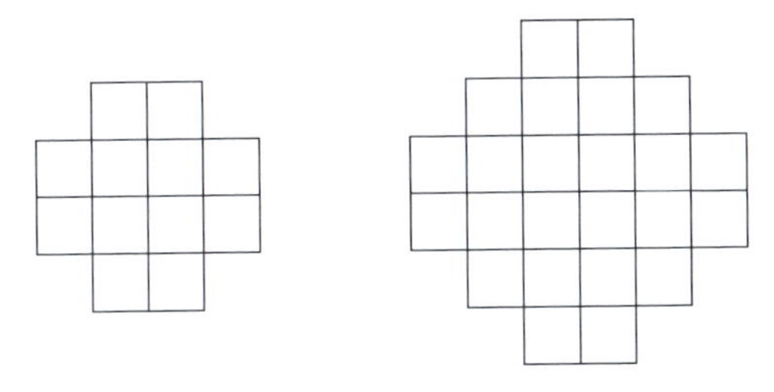

第10章 エクスパンダー

グラフはネットワークを抽象化したものであった．グラフにおいて，ネットワークとしての情報などの広がりやすさはどのように測れば良いだろうか．情報が頂点から頂点へと辺に沿って伝わっていく，という単純なモデルを考えると，情報源となる頂点集合からその外部に向かってどれぐらいたくさんの辺が出ているか，といったことに着目するのは自然であろう．この章では，このような観点からグラフの「情報拡散力」を定量化することを考える．

10.1 拡大係数

グラフ $G = (V, E)$ において，頂点の集合 $F \subset V$ に対して，F の**辺境界** (edge boundary) を

$$\partial F = \{e \in E \,|\, e = xy,\ x \in F,\ y \notin F\}$$

によって定める．つまり，F の中の頂点と F の外の頂点とを結ぶような辺からなる集合を F の辺境界というのである．視覚的に言い換えると，F の頂点を白で，$V - F$ の頂点を黒で塗るとき，白い頂点と黒い頂点を結ぶ辺の全体が ∂F である．

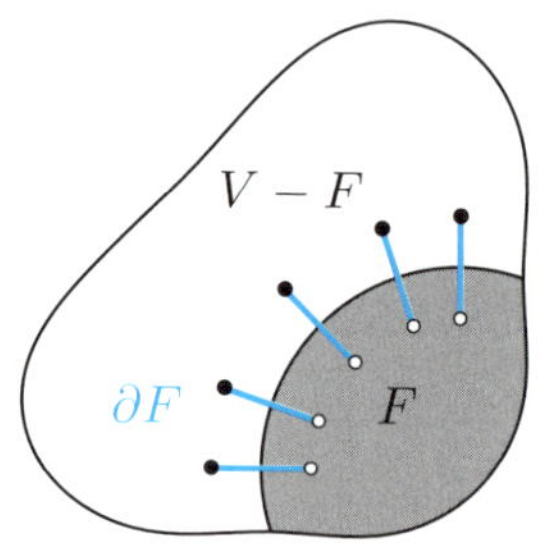

例 10.1

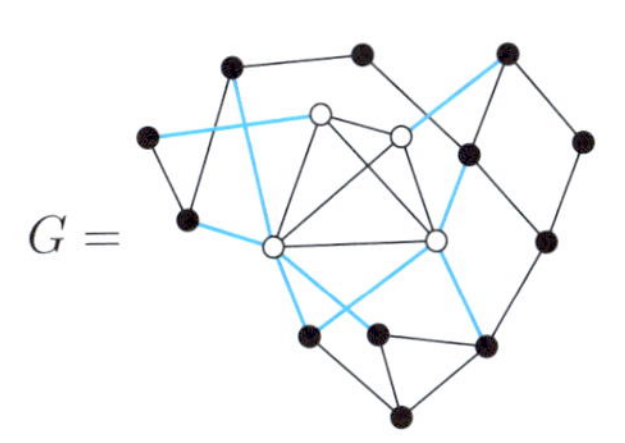

において，白い頂点たちのなす集合を F とすれば，∂F は青い辺たちのなす集合である． □

練習問題 10.1 グラフ

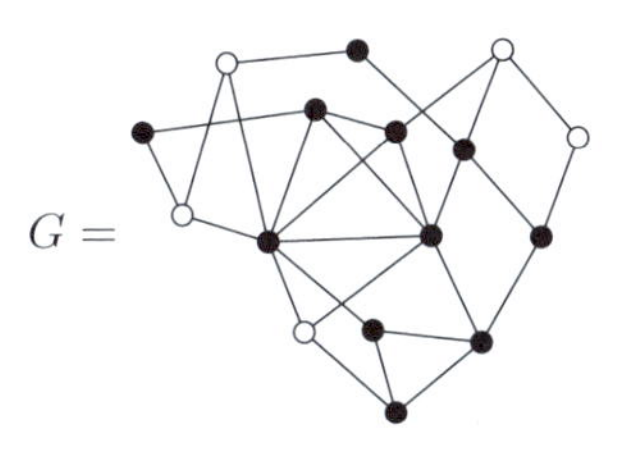

において，白く塗られた頂点のなす集合を F とするとき，∂F はどのような集合か？

練習問題 10.2 F が 1 点集合 $F = \{v\}$ のとき，∂F はどのような集合か？ また，その元の個数 $|\partial F|$ は何を表すか？

練習問題 10.3 $F \subset V$ に対して $\partial(V - F) = \partial F$ が成り立つ．その理由を説明せよ．

グラフ G がネットワークを表すと考え，辺を伝って情報がネットワーク上を広がっていくという状況を想像してみよう．そして F を「情報源」と考えてみよう．このとき ∂F は，情報源 F から F の外部へと情報が伝わっていく経路を表す．よって，比

$$\frac{|\partial F|}{|F|}$$

は「F に属するメンバー 1 人当りの情報伝播力」を反映した量であるといえよう．

例 10.2 例 10.1 の場合，$|F| = 4$, $|\partial F| = 9$ なので $\frac{|\partial F|}{|F|} = \frac{9}{4}$ である． □

例 10.3　$G = (V, E)$ がサイクル $\mathcal{C}_8$ の場合を考えてみよう．部分集合 $F \subset V$ として下図のように 2 通りに，白く塗られた 4 つの頂点を選ぶ．また ∂F に属する辺を青色で描く．

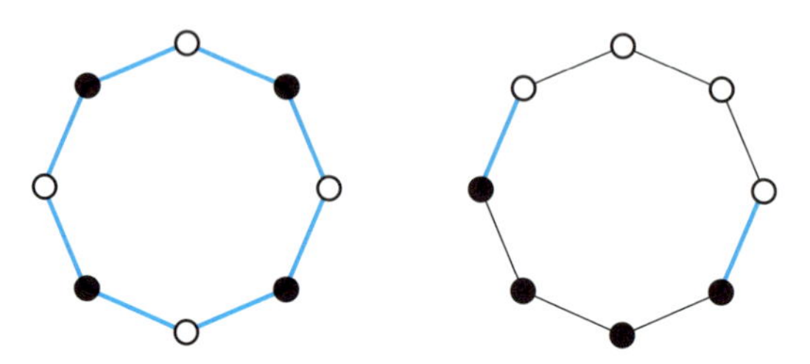

左の場合，すべての辺は F の内と外とを結ぶので $\partial F = E$ となる．よって

$$\frac{|\partial F|}{|F|} = \frac{8}{4} = 2$$

である．一方，右の場合は ∂F の元は 2 つの辺のみであるから

$$\frac{|\partial F|}{|F|} = \frac{2}{4} = \frac{1}{2}$$

である．このように F の選び方によって比の値 $\frac{|\partial F|}{|F|}$ は大きく異なりうる．□

そこで，グラフ G をネットワークと考えたときの情報伝播力の目安として

$$\mathrm{h}(G) = \min\left\{ \frac{|\partial F|}{|F|} \,\middle|\, F \subset V,\ 0 < |F| \leq \frac{1}{2}|V| \right\}$$

という量に着目するのは自然であろう．これは

> ネットワーク内の過半数は知らない情報が，「そのネットワーク内で 1 番情報伝達力が小さいグループ」からその外部へと伝播するときの，情報の広がりやすさ

を表している．$\mathrm{h}(G)$ をグラフ G の**拡大係数** (expansion constant) と呼ぶ．

注意　拡大係数は他にも**チーガー定数** (Cheeger constant) または**等周定数** (isoperimetric constant) といった呼び名で呼ばれることもある．

例 10.4 $\mathcal{C}_8$ の場合を考えよう．$F \subset V$ $(0 < |F| \leq 4)$ を選んだとき，誘導部分グラフ $\mathcal{C}_8[F]$ の連結成分の個数を r とすると，各連結成分から F の外に向けて 2 本ずつ辺が出ているので $|\partial F| = 2r$ となる．よって

$$\frac{|\partial F|}{|F|} = \frac{2r}{|F|}$$

だが，これは $r = 1, |F| = 4$ のとき（例 10.3 の右図のような選び方をした場合）最小となる．よって $\mathrm{h}(\mathcal{C}_8) = \frac{1}{2}$ である．□

拡大係数 $\mathrm{h}(G)$ を求めるのは一般には大変である．というのも，$\mathrm{h}(G)$ を求めるためには，基本的には（$0 < |F| \leq \frac{1}{2}|V|$ であるような）V のあらゆる部分集合 F に対して比の値 $\frac{|\partial F|}{|F|}$ を計算して，それらの中から最小値を選び出すしか方法がないのだが，G が大きなグラフになるとその計算コストも膨大になるからである．

例 10.5 例 10.1 の場合，$|V| = 16$ であるから，部分集合 $F \subset V$ $(0 < |F| \leq 8)$ の選び方の総数は

$$\binom{16}{1} + \binom{16}{2} + \cdots + \binom{16}{8} = 39202.$$

□

練習問題 10.4 n が奇数のとき，$|V| = n$ であれば，$F \subset V$ $(0 < |F| \leq \frac{1}{2}|V|)$ の選び方は $2^{n-1} - 1$ 通りあることを確かめよ．

$\mathrm{h}(G)$ を簡単に（力技ではなく理詰めで）決定できるような特別な場合もある．一例を挙げる．

例 10.6 任意の自然数 n に対して，位数 n の完全グラフ $\mathcal{K}_n$ の拡大係数 $\mathrm{h}(\mathcal{K}_n)$ はきっちり求まる．やってみよう．$F \subset V$ とする．$m = |F|$ とおくと $|V \setminus F| = n - m$ である．完全グラフではすべての頂点間に辺があるので

$$\partial F = \{xy \,|\, x \in F,\ y \in V \setminus F\}$$

である．よって

$$|\partial F| = |F| \cdot |V \setminus F| = m(n - m)$$

なので

$$\frac{|\partial F|}{|F|} = \frac{m(n-m)}{m} = n - m$$

である．$1 \le m \le \frac{n}{2}$ なので，

$$\mathrm{h}(\mathcal{K}_n) = \min\left\{ n - m \,\middle|\, 1 \le m \le \frac{n}{2} \right\} = n - \left\lfloor \frac{n}{2} \right\rfloor = \left\lceil \frac{n}{2} \right\rceil$$

となる． □

練習問題 10.5　道グラフとサイクルグラフの拡大係数はそれぞれ

$$\mathrm{h}(\mathcal{P}_n) = \frac{1}{\left\lfloor \frac{n+1}{2} \right\rfloor} \quad (n \ge 1), \qquad \mathrm{h}(\mathcal{C}_n) = \frac{2}{\left\lfloor \frac{n}{2} \right\rfloor} \quad (n \ge 3)$$

となることを確かめよ．

10.2 エクスパンダー族

d を自然数とする．無限にたくさんの d-正則グラフ

$$G_1, G_2, G_3, \ldots$$

があったとき（これを数列と同じような記号で $\{G_n\}$ と表そう），これらが**エクスパンダー族** (expander family) をなすとは，

(1) $\lim_{n\to\infty} |G_n| = \infty$

(2) ある $\varepsilon > 0$ が存在して，$\mathrm{h}(G_n) \ge \varepsilon$ $(n = 1, 2, \ldots)$

という 2 つの条件を満たすことをいう．

つまり，固定された d を次数に持つ正則グラフであって，拡大係数が一定値以上の値を取るようなものを大量生産できたとすれば，それらをエクスパンダー族と呼ぼうというわけである．しかし，そのようなグラフの大量生産はとても難しく，簡単な具体例を挙げることはできない．

例 10.7　$\{\mathcal{C}_n\}$ は 2-正則グラフの族だが，拡大係数は

$$\mathrm{h}(\mathcal{C}_n) = \frac{2}{\left\lfloor \frac{n}{2} \right\rfloor} \to 0 \quad (n \to \infty)$$

なので，エクスパンダー族ではない． □

第 10 章　章末問題

問題 10.1　グラフ $G = (V, E)$ が非連結ならば $\mathrm{h}(G) = 0$ である．なぜか？

問題 10.2　$m = \left\lfloor \frac{n+1}{2} \right\rfloor$ とおくと

$$\mathrm{h}(\mathcal{K}_1 * \mathcal{C}_n) = \frac{m+2}{m}$$

を示せ.

問題 10.3　$m \leq n$ とする．$\mathrm{h}(\mathcal{K}_{m,n})$ について考察せよ.

問題 10.4　$m \leq n$ とする.

(1) $\mathrm{h}(\mathcal{P}_{m-1} \Box \mathcal{P}_{n-1}) \leq \dfrac{m+1}{\left\lfloor \frac{mn}{2} \right\rfloor}$ を示せ.

(2) $\mathrm{h}(\mathcal{C}_m \Box \mathcal{P}_{n-1}) \leq \dfrac{m+1}{\left\lfloor \frac{mn}{2} \right\rfloor}$ を示せ.

(3) $\mathrm{h}(\mathcal{C}_m \Box \mathcal{C}_n) \leq \dfrac{2m+1}{\left\lfloor \frac{mn}{2} \right\rfloor}$ を示せ.

第11章

最適化問題

最適化問題とは，与えられた条件の下において「最適な」解を見つける，という問題である．もちろん，何をもって「最適」とするかは考える問題によるが，多くの場合は「何らかのコスト」を最小にする，という定式化がされる．

ここで扱うのはグラフにまつわる最適化問題である．いくつかの典型的な問題について，それらが何を問題にしているのかを理解して欲しい．

11.1 最適化問題とは何か

最適化問題とは，その名の通り，何らかの一定の条件を満たすもののうちで，何らかの意味で「最適な」ものを見つけなさい，というタイプの問題である．

そのような問題は現実世界には溢れかえっている．たとえば，

- メンバーの都合に関する情報をもとに，会合の日程をどう調整するか？
- いくつかの用事があって外出するときにどのような順番に用事を済ませるか？
- 目的地に向かうのに，最も早くたどり着く（最も安くたどり着く）ような交通手段の乗り換えは？

といった問題が最適化問題の例である．

会合日程の調整は，たとえば参加できない人数をいかに少なく抑えるかという問題であるし，用事を済ませる順番の決定は，それにかかる時間や労力をいかに少なく抑えるかという問題である．つまり，最適化問題とは，問題ごとにおける何らかの「コスト」を最小にする方法を見つける問題，といえる．ものすごく端的に言えば，関数の最小値を求める問題である．その意味では，高校以来おなじみの問題であるともいえるだろう．

この章では，グラフを用いて定式化される最適化問題のうち，典型的なものをいくつか取り上げて紹介する．グラフが有限であれば，あらゆる場合（それ

は高々有限通りしかない）を考えて，その中で最もコストの低いものを選べば良い．しかし，あらゆる場合を考える，という作業は労力がかかり過ぎる．従って「ある程度の労力で最適化問題の解を確実に見つけられるような良い方法（アルゴリズム）はないか？」ということが問題となる．そのような方法が存在するものもあれば，近似的な方法しか知られていないものもある．

11.2 アルゴリズム

ある問題について，その問題の「解答」に必ずたどり着くことができる機械的な解決手順のことを**アルゴリズム** (algorithm) と呼ぶ．本章でも具体的な問題に対するアルゴリズムの例を見ることになるが，手始めに簡単な問題に対するアルゴリズムの例をいくつか紹介する．

11.2.1 ユークリッドのアルゴリズム

最も古いアルゴリズムの 1 つであるユークリッドのアルゴリズム（互除法）を取り上げる．これは，2 つの整数 a, b が与えられたとき，それらの最大公約数 $g = \gcd(a, b)$ を求めるための手順であり，次のようなものである．

(1) $b = 0$ ならば $g = a$ であり，ここで手続きは終了する．
(2) a を b で割ったときの余りを r とする．a, b の値を b, r で置き換えて (1) に戻る．

例題 11.1

7081 と 4891 の最大公約数 $g = \gcd(7081, 4891)$ を求めよ．

【解答】

- $7081 = 1 \times 4891 + 2190$ なので $g = \gcd(4891, 2190)$ である．
- $4891 = 2 \times 2190 + 511$ なので $g = \gcd(2190, 511)$ である．
- $2190 = 4 \times 511 + 146$ なので $g = \gcd(511, 146)$ である．
- $511 = 3 \times 146 + 73$ なので $g = \gcd(146, 73)$ である．
- $146 = 2 \times 73$ なので $g = \gcd(73, 0) = 73$ である．

以上より $\gcd(7081, 4891) = 73$ である． □

練習問題 11.1 4897 と 3599 の最大公約数を求めよ.

練習問題 11.2 (互除法の原理) 整数 a, b (ただし $b > 0$) に対し, a を b で割った余りを r とする.
(1) d が a, b の公約数ならば, d は r の約数でもあることを示せ.
(2) d が b, r の公約数ならば, d は a の約数でもあることを示せ.

11.2.2 素数判定

与えられた 2 以上の自然数 N が**素数** (prime number) かどうかを調べる. 素数とは 1 と自分自身のちょうど 2 つしか約数を持たない自然数のことであり, 素数でない自然数は**合成数** (composite number) と呼ばれる. もし N が合成数であるとすれば $N = mn$ となる 2 以上の自然数 m, n があることになる. $m \leq n$ とすれば

$$N = mn \geq m^2 \implies m \leq \sqrt{N}$$

なので, $\lfloor \sqrt{N} \rfloor$ 以下の自然数に対して, それが N を割り切るかどうかを確かめれば良い. というわけで, N が素数であるかどうかは次のような手続きで判定される.

(1) $d = 2$ とおく.
(2) $d > \sqrt{N}$ ならば「N は素数」と出力して終了.
(3) $d \mid N$ ならば「N は合成数」と出力して終了.
(4) $d := d + 1$ として[1] (2) に戻る.

例題 11.2

83 は素数かどうかを判定せよ.

【解答】 $\lfloor \sqrt{83} \rfloor = \lfloor 9.1 \cdots \rfloor = 9$ なので, $2, 3, 4, 5, 6, 7, 8, 9$ で割り切れるかどうかを確かめれば良い. 83 は $2, \ldots, 9$ のいずれでも割り切れないので素数である. □

練習問題 11.3 179 は素数かどうかを判定せよ.

---

[1] 「d の値を 1 増やして」の意味である.

11.2.3 エラトステネスの篩

自然数 N を与えたとき，N 以下の素数をすべて求めるアルゴリズムであるエラトステネスの篩(ふるい)(Sieve of Eratosthenes) について紹介する．以下のようなものである．

(1) 2 から N までの数を書き出す．$n=1$ とする．
(2) n より大きい数のうちで × で消されていない最小のものを改めて n とする．
(3) $n^2 > N$ であれば終了する．
(4) n^2 以上の n の倍数をすべて × で消して (2) に戻る．

生き残っている数たちが N 以下の素数のすべてである．

例 11.3 20 以下の素数をすべて求めよう．まず 2 から 20 までの数を書き出す．

$$2,3,4,5,6,7,8,9,10,11,12,13,14,15,16,17,18,19,20$$

$n=1$ より大きい最小の生き残りは 2 なので，$n=2$ と置き直す．$n^2=4$ 以上の 2 の倍数を消すと

$$2,3,\cancel{4},5,\cancel{6},7,\cancel{8},9,\cancel{10},11,\cancel{12},13,\cancel{14},15,\cancel{16},17,\cancel{18},19,\cancel{20}$$

となる．$n=2$ より大きい最小の生き残りは 3 なので，$n=3$ と置き直す．$n^2=9$ 以上の 3 の倍数を消すと

$$2,3,\cancel{4},5,\cancel{6},7,\cancel{8},\cancel{9},\cancel{10},11,\cancel{12},13,\cancel{14},\cancel{15},\cancel{16},17,\cancel{18},19,\cancel{20}$$

となる．$n=3$ より大きい最小の生き残りは 5 なので，$n=5$ と置き直す．$n^2=25>20$ なので，ここで終了する．生き残っている

$$2,3,5,7,11,13,17,19$$

が 20 以下の素数のすべてである． □

エラトステネスの篩のある段階（(4) から (2) に戻る直前）で生き残っているものは，n 以下の素数で割り切れないような自然数だけである．N 以下の合成数は必ず $\sqrt{N}$ 以下の素因数を持つという事実が，(3) における終了判定の根拠である．

練習問題 11.4 エラトステネスの篩を用いて，100 以下の素数をすべて求めよ．

11.2.4 ソートアルゴリズム

n 個の実数 $x_1, \ldots, x_n$ が与えられたとき，これらを大きい順または小さい順に並べ替えること（ソーティング）を問題としよう．ソートアルゴリズムは色々と知られている．ここではもっとも素朴な**バブルソート** (bubble sort) を取り上げる．これは「隣り合う 2 つの数を比較して，左のほうが大きければ値を入れ替える」という操作を繰り返せば，やがてすべての数が小さい順に並ぶ，というものである．きちんと述べると次の通り．

(1) $m = n - 1$ とおく．
(2) $i = 1, \ldots, m$ に対して，
  (a) $x_i \leq x_{i+1}$ ならばそのまま何もしない
  (b) $x_i > x_{i+1}$ ならば x_i と x_{i+1} の値を入れ替える
(3) (2) において 1 度も値の入れ替え (b) を行わなかったならば終了．そうでなければ $m := m - 1$ として (2) を繰り返す．

例 11.4 3, 1, 5, 2, 4 をバブルソートで小さい順に並び替えると

$(m = 4)$　3 1 5 2 4 $\overset{\star}{\to}$ 1 3 5 2 4 $\to$ 1 3 5 2 4 $\overset{\star}{\to}$ 1 3 2 5 4 $\overset{\star}{\to}$ 1 3 2 4 5

$(m = 3)$　1 3 2 4 5 $\to$ 1 3 2 4 5 $\overset{\star}{\to}$ 1 2 3 4 5 $\to$ 1 2 3 4 5

$(m = 2)$　1 2 3 4 5 $\to$ 1 2 3 4 5 $\to$ 1 2 3 4 5

のようになる．(2) の手続きを 1 行ごとに書いている．波線が引かれた隣接する 2 数を比較して，左のほうが大きければ場所を入れ替えている（★付きの矢印のところで左右の入れ替えが発生している）．青い数字はその時点で居場所

が確定した数である（大きい方から順に確定していく）．3 行目の $m = 2$ のときの (2) のステップでは入れ替えが 1 度も行われていないので，ここで手続きは完了する． □

練習問題 11.5 $4, 2, 6, 3, 1, 5$ をバブルソートで小さい順に並び替えるときの途中経過を書き上げてみよ．

11.3 最小全域木

$G = (V, E)$ を連結グラフとし，辺の重み関数

$$w \colon E \to \mathbb{R}$$

が与えられているとする．G の全域木 T に対して，T の辺の重みの総和を

$$w(T) := \sum_{e \in E(T)} w(e)$$

と表すことにする．$w(T)$ の値を最小にする全域木を G の（重み w に関する）**最小全域木** (minimum spanning tree) と呼ぶ．

木は，辺を 1 つでも取り除くと連結性が失われてしまう構造である．重み関数 w が，辺が表すつながりの「コスト」を表していると考えると，連結グラフの最小全域木を見つけることは

> ネットワークの全体的なつながりを保ちつつ，しかしできるだけコストを下げるために，ぎりぎりまで辺を削ぎ落とすこと

だといえる．

以下では，最小全域木を求める代表的なアルゴリズムを 2 つ紹介する．

クラスカル (Kruskal) のアルゴリズム

グラフの辺に重みが小さい順に名前（番号）を付けて

$$E = \{e_1, e_2, \ldots, e_m\},$$
$$w(e_1) \leq w(e_2) \leq \cdots \leq w(e_m)$$

としておこう．E の部分集合 $E_0, E_1, E_2, \ldots$ を次のようにして作る．

(1) $E_0 = \varnothing$ とおく．

(2) $i \geq 1$ に対して，

(a) $(V, E_{i-1} \cup \{e_i\})$ が閉路を含まなければ $E_i = E_{i-1} \cup \{e_i\}$ とおく．

(b) そうでなければ $E_i = E_{i-1}$ とおく．

(3) $|E_i| = n - 1$ となったら終了する．$T = (V, E_i)$ が G の最小全域木である．

砕けた書き方をすると次のようになる：グラフからいったん辺をすべて取り去った状態から始めて，そこに辺を書き足して木を成長させていく．$e_1, e_2, e_3, \ldots$ の順に，その辺を書き足すかどうかを決めるのだが，その決め手は「その辺を書き足しても木か？」である．これを続けるとやがて全域木が得られるが，できるだけ「軽い」辺から順に，その辺を使うか否かを決めているので，結果は最小全域木になっているはずだ，というわけである．

一例を挙げよう．

例 11.5 グラフ G が次のようなものであるとしよう．

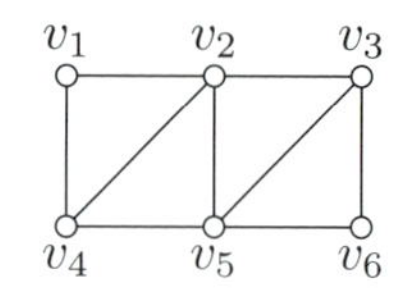

G の辺は重みの小さい順に

$$e_1 = v_1v_2, \quad e_2 = v_2v_3, \quad e_3 = v_1v_4,$$

$$e_4 = v_2v_4, \quad e_5 = v_2v_5, \quad e_6 = v_3v_5,$$

$$e_7 = v_3v_6, \quad e_8 = v_4v_5, \quad e_9 = v_5v_6$$

であるとする．$E_0 = \varnothing$ から始めて，クラスカルのアルゴリズムに従って $e_1, e_2, \ldots$ と順に，それを追加できるかどうかをチェックしながら進めると，次のようになる．

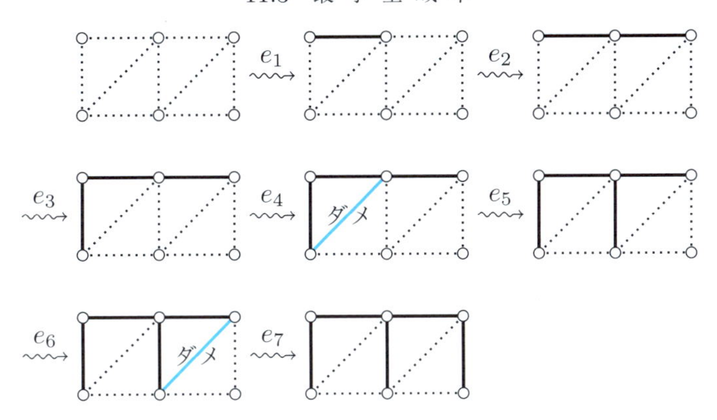

e_1, e_2, e_3 と追加した後，e_4 をさらに追加すると閉路ができてしまうのでこれはスキップする．続いて e_5 は追加できるが，そこに e_6 を追加すると閉路ができてしまうのでこれもスキップする．続いて e_7 を追加できるが，この時点で G の全域木が得られるので，手続きは完了である（e_8, e_9 のことはもはや考えなくて良い）． □

練習問題 11.6 上の例と同じグラフ G で，辺が重みの小さい順に

$$e_1 = v_2v_4,\quad e_2 = v_3v_5,\quad e_3 = v_1v_2,$$
$$e_4 = v_5v_6,\quad e_5 = v_3v_6,\quad e_6 = v_1v_4,$$
$$e_7 = v_4v_5,\quad e_8 = v_2v_5,\quad e_9 = v_2v_3$$

であるとする．このとき，クラスカルのアルゴリズムによって得られる G の全域木はどのようになるか？

● ヤルニーク-プリム (Jarník-Prim) のアルゴリズム

(1) 任意に $x_1 \in V$ を選んで $V_1 = \{x_1\}$ とおく．また $E_0 = \varnothing$ とおく．

(2) $i \geq 1$ に対して，集合（V_i の辺境界）

$$\partial V_i = \{xy \in E(G) \mid x \in V_i,\ y \notin V_i\}$$

に属する辺の中で重みが最小のものを f_i とおき，$E_i := E_{i-1} \cup \{f_i\}$ とおく．さらに $f_i \setminus V_i = \{x_{i+1}\}$ によって $x_{i+1} \in V$ を定めて $V_{i+1} = V_i \cup \{x_{i+1}\}$ とおく．

(3) $|E_i| = n - 1$ となったら終了する．$T = (V, E_i)$ が G の最小全域木である．

砕けた書き方をすると次のようになる：何もない空っぽの状態から始めて，そこに辺を書き足して木を成長させていく，という方針はクラスカルの場合と同様だが，今回はまず最初にグラフの頂点を自由に 1 つ選ぶところから始める．その頂点からはいくつか辺が出ているが，それらのうちで重みが 1 番小さい辺を選んで書き足す．次に，その時点で描かれている頂点から「外に向かって」伸びている辺のうちで重みが 1 番小さい辺を選んで書き足す．これを繰り返せばやがて全域木が得られるが，できるだけ重みが小さい辺を選んで書き足しているので，結果は最小全域木になっているはずだ，というわけである．

例 11.6 例 11.5 と同じく，グラフ G が次のようなものであるとしよう．

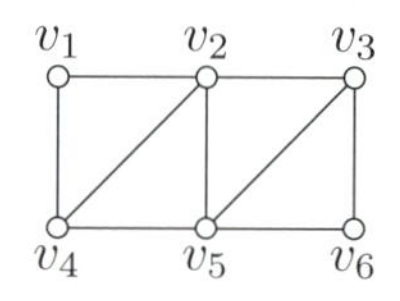

G の辺は重みの小さい順に

$$e_1 = v_1v_2,\quad e_2 = v_2v_3,\quad e_3 = v_1v_4,$$
$$e_4 = v_2v_4,\quad e_5 = v_2v_5,\quad e_6 = v_3v_5,$$
$$e_7 = v_3v_6,\quad e_8 = v_4v_5,\quad e_9 = v_5v_6$$

であるとする．$V_1 = \{v_6\}$, $E_0 = \varnothing$ から始めて，ヤルニーク-プリムのアルゴリズムに従って辺を追加していくと次のようになる．

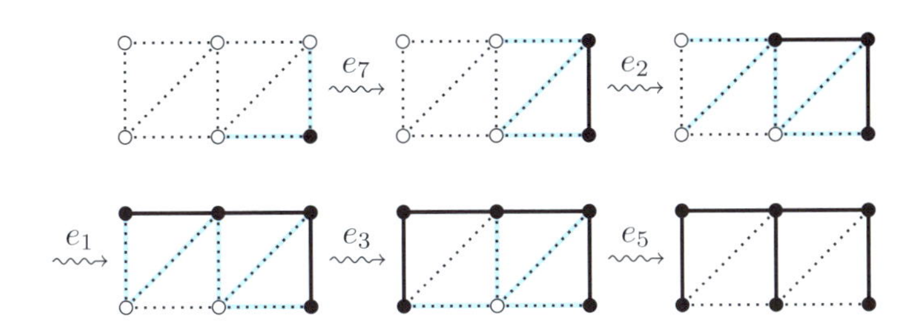

まず $\partial V_1 = \{e_7, e_9\}$ なので，軽い方の e_7 を選び，その端点の v_3 を V_1 に加えたものを

$$V_2 = \{v_6, v_3\}$$

とする．次に $\partial V_2 = \{e_2, e_6, e_9\}$ なので，1 番軽い e_2 を選び，その端点の v_2 を V_2 に加えたものを

$$V_3 = \{v_6, v_3, v_2\}$$

とする．次に $\partial V_3 = \{e_1, e_4, e_5, e_6, e_9\}$ なので，1 番軽い e_1 を選び，その端点の v_1 を V_3 に加えたものを

$$V_4 = \{v_6, v_3, v_2, v_1\}$$

とする．次に $\partial V_4 = \{e_3, e_4, e_5, e_6, e_9\}$ なので，1 番軽い e_3 を選び，その端点の v_4 を V_4 に加えたものを

$$V_5 = \{v_6, v_3, v_2, v_1, v_4\}$$

とする．最後に $\partial V_5 = \{e_5, e_6, e_8, e_9\}$ なので，1 番軽い e_5 を選ぶと完了である．得られた結果はクラスカルのアルゴリズムの場合と同じである． □

練習問題 11.7 上の例を $V_1 = \{v_4\}$ から始めてやってみよ．

練習問題 11.8 練習問題 11.6 をヤルニーク-プリムのアルゴリズムでやってみよ．

11.4 最短経路探索

グラフ $G=(V,E)$ において2頂点 $x,y \in V$ を与えたとき，x と y を結ぶ最短の道 P を求める問題を考えてみよう．これは**ダイクストラ法** (Dijkstra's algorithm) と呼ばれる，次のようなアルゴリズムによって求めることができる．

(1) 各 $v \in V$ に対して，$d(v) := \infty$, $b(v) := 0$ と初期化する．

(2) $d(x) := 0$ とおく．

(3) $b(y) = 1$ ならば，$l = d(y)$ として $v_l = y$ とおいて終了する．

(4) $b(v) = 0$ を満たす頂点のうちで $d(v)$ の値が最小となるものを選び，それを z とする．$d = d(z)$ とおく．もし $d = \infty$ ならば「最短経路なし」と出力して終了する．$d < \infty$ ならば $b(z) := 1$ とし，さらに各 $v \in \mathcal{N}(z)$ に対して

$$d(v) := \min\{d(v), d+1\}$$

によって $d(v)$ の値を更新する．ここで1つでも値の更新が発生したら $v_d = z$ とおく．

(5) (3) に戻る．

$P = (v_0, v_1, \ldots, v_l)$ が x と y を結ぶ最短経路である．

注意　より一般には，辺の重み関数 $w\colon E \to \mathbb{R}$ が与えられているときに，

$$w(P) := \sum_{e \in P} w(e)$$

が最小となるような x と y を結ぶ道 P を求める問題が考えられる．最短経路探索問題では $w(e) = 1$ $(\forall e \in E)$ の場合を扱っているといえる（このとき $w(P)$ は P の長さを表す）．たとえば G が道路地図で，各 $e \in E$ が一定の道路区間，$w(e)$ が区間 e の距離である場合には，$w(P)$ は経路 P の距離を表すので，$w(P)$ を最小にする P を求める問題は，x 地点から y 地点への最短ルートを見つけるという問題になる（カーナビなどの経路探索に相当する）．

例 11.7

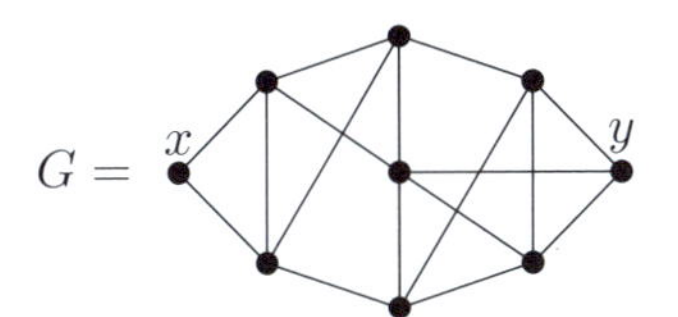

において x と y を結ぶ最短経路をダイクストラ法によって探索することを考えよう．

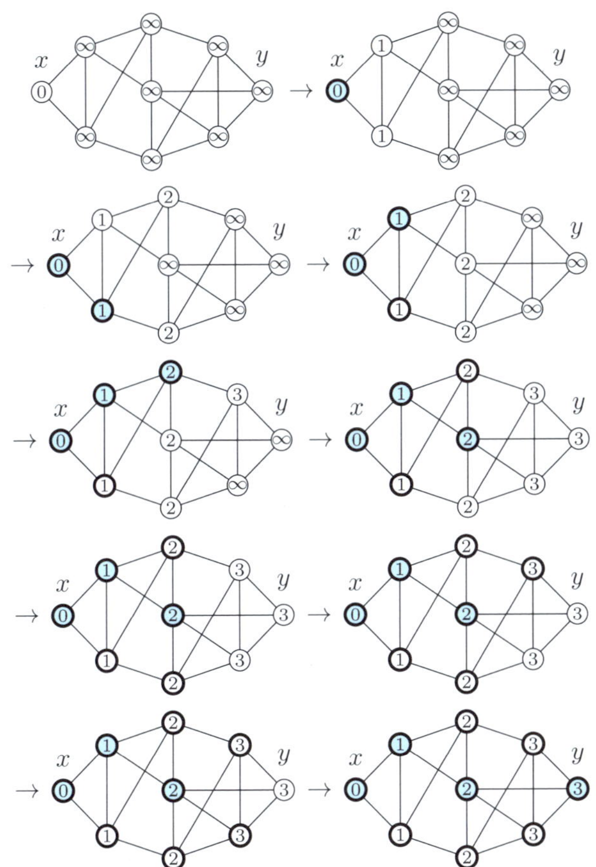

のようになる．アルゴリズムのあるステップにおいて (2) の z として選ばれた頂点を太線で囲んでいる．また，その時点で v_d として選ばれた頂点を水色で塗っている．水色で塗られた頂点をたどる経路が，求める最短経路である．□

11.5 最大流問題

有向グラフを向きのついたネットワークと見るとき，有向辺を一方通行の通路と考えて，ある頂点から別の頂点へと物資を運ぶ（あるいは情報を伝達する，人を移動させるなど）ことを考える．このとき，「どの辺も，1度に通せる量の上限がある」「効率的な運搬のため，どの頂点でも流入量と流出量は一致している」という条件のもとで，できるだけたくさんの物量が終点へと運ばれるようにする流通の設計を求めるのが**最大流問題** (maximum flow problem) である．

数学的に述べなおそう．有向グラフ $G = (V, E)$ において辺の容量関数 $u\colon E \to \mathbb{Z}_{\geq 0}$ が与えられているとする．$u(e)$ は辺 e の最大流量を表す．2つの頂点 $x, y \in V$（ただし $\deg^-(x) = \deg^+(y) = 0$）を決めたとき，$x, y$ 以外の任意の頂点 $v \in V$ において

$$\sum_{\substack{e \in E \\ t(e)=v}} f(e) = \sum_{\substack{e \in E \\ i(e)=v}} f(e)$$

が成り立ち（頂点 v において流入量と流出量が等しいという条件），かつ任意の辺 $e \in E$ において $f(e) \leq u(e)$ であるような $f\colon E \to \mathbb{Z}_{\geq 0}$ のことを G の**フロー** (flow) という．終点 y における流入量

$$\sum_{\substack{e \in E \\ t(e)=y}} f(e)$$

が最大となるようなフロー f を求める問題が最大流問題である．

最大流問題には**フォード-ファルカーソン法** (Ford-Fulkerson algorithm) と呼ばれるアルゴリズムがある．

注意 上と同じ設定のもとで，さらに辺のコスト関数 $c\colon E \to \mathbb{R}$ も与えられているとする（$c(e)$ は，辺 e における単位流量あたりのコストを表す）．このとき，G のフロー f であって，コストの総和

$$\sum_{e \in E} f(e)c(e)$$

が最小となるようなものを求める問題も現実的に現れるだろう．これを**最小費用流問題** (minimum cost flow problem) と呼ぶ．

11.6 難しい問題

グラフを用いて定式化される最適化問題であって，効率的に解けるアルゴリズムが知られていないものをいくつか紹介する．

最大カット問題

グラフ $G=(V,E)$ において辺の重み関数 $w\colon E\to\mathbb{R}_{\geq 0}$ が与えられているとする．このとき

$$\sum_{e\in\partial F} w(e)$$

が最大となるような $F\subset V$ を求める問題．

最小頂点被覆問題

グラフ $G=(V,E)$ においてできるだけ小さい被覆，つまり

$$\bigcup_{v\in F} E(v)=E$$

が成り立つような，できるだけ小さい $F\subset V$ を求める問題．

巡回セールスマン問題

グラフ $G=(V,E)$ において辺のコスト関数

$$c\colon E\to\mathbb{R}$$

が与えられているとする．$c(e)$ は辺 e に沿って隣接頂点間を移動する際のコストを表す．このとき，G のすべての頂点を 1 回ずつ通るような閉路 C（そのような閉路を G の**ハミルトン閉路** (Hamilton cycle) と呼ぶ）であって，コストの総和

$$\sum_{e\in C} c(e)$$

が最小となるものを求める問題．

第11章 章末問題

問題 11.1 最大カット問題が適用されるような現実的な問題の例を挙げよ.

問題 11.2 最小頂点被覆問題が適用されるような現実的な問題の例を挙げよ.

第12章

隣接行列と接続行列

この章では，グラフを行列によって表現することを考える．簡単に言えば，頂点に $1, 2, 3, \ldots$ と番号を振っておき，i 番と j 番の頂点が隣接しているときに (i, j) 成分が 1 で，そうでなければ (i, j) 成分が 0 であるような行列を作る．するとこの行列は頂点間の隣接関係の情報をすべて含んでいることになるだろう．

このようにして，グラフを行列形式のデータで表現することにはいくつかのご利益がある．たとえば，グラフの問題を考える上で線形代数に関する様々な定理を利用することができるようになる．あるいは計算機の文脈で見れば，グラフの情報を行列形式で表すことは 2 次元配列変数としてグラフを表現できるということを意味する．

これ以降の章では，線形代数の基本的な知識（行列，行列式，固有値など）を仮定する．

12.1 隣 接 行 列

$G = (V, E)$ をグラフとする．$n = |G|\,(= |V|)$, $m = \|G\|\,(= |E|)$ とおく．頂点と辺に適当に

$$V = \{v_1, v_2, \ldots, v_n\}, \quad E = \{e_1, e_2, \ldots, e_m\}$$

と名前を付けて（番号を付けて）おこう．以下では，記号に関するこれらの設定を共通して使う．

$n \times n$ 行列 $\mathcal{A} = (a_{ij})_{1 \leq i,j \leq n}$ を

$$a_{ij} = \begin{cases} 1 & v_i \sim v_j \\ 0 & v_i \not\sim v_j \end{cases} \qquad (1 \leq i, j \leq n)$$

によって定める．この行列 $\mathcal{A}$ をグラフ G の**隣接行列** (adjacency matrix) と呼ぶ．また，対角成分に頂点の次数を並べた $n \times n$ の対角行列

$$\mathcal{D} = \begin{pmatrix} \deg(v_1) & 0 & \cdots & 0 \\ 0 & \deg(v_2) & \cdots & \vdots \\ \vdots & \vdots & \ddots & 0 \\ 0 & 0 & \cdots & \deg(v_n) \end{pmatrix}$$

をグラフ G の**次数行列** (degree matrix) と呼ぶ．スペースを節約するために，このような対角行列を

$$\mathrm{diag}(\deg(v_1), \deg(v_2), \ldots, \deg(v_n))$$

とも表す．

例題 12.1

G が以下のようなグラフであるとき，G の隣接行列と次数行列をそれぞれ求めよ．

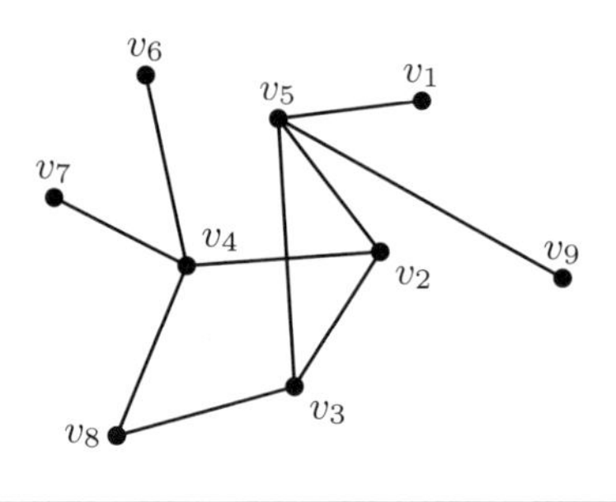

【解答】 G の隣接行列 $\mathcal{A}$ は

$$\mathcal{A} = \begin{pmatrix} 0&0&0&0&1&0&0&0&0 \\ 0&0&1&1&1&0&0&0&0 \\ 0&1&0&0&1&0&0&1&0 \\ 0&1&0&0&0&1&1&1&0 \\ 1&1&1&0&0&0&0&0&1 \\ 0&0&0&1&0&0&0&0&0 \\ 0&0&0&1&0&0&0&0&0 \\ 0&0&1&1&0&0&0&0&0 \\ 0&0&0&0&1&0&0&0&0 \end{pmatrix}$$

である．また G の次数行列は

$$\mathcal{D} = \begin{pmatrix} 1 & 0 & 0 & 0 & 0 & 0 & 0 & 0 & 0 \\ 0 & 3 & 0 & 0 & 0 & 0 & 0 & 0 & 0 \\ 0 & 0 & 3 & 0 & 0 & 0 & 0 & 0 & 0 \\ 0 & 0 & 0 & 4 & 0 & 0 & 0 & 0 & 0 \\ 0 & 0 & 0 & 0 & 4 & 0 & 0 & 0 & 0 \\ 0 & 0 & 0 & 0 & 0 & 1 & 0 & 0 & 0 \\ 0 & 0 & 0 & 0 & 0 & 0 & 1 & 0 & 0 \\ 0 & 0 & 0 & 0 & 0 & 0 & 0 & 2 & 0 \\ 0 & 0 & 0 & 0 & 0 & 0 & 0 & 0 & 1 \end{pmatrix}$$
$$= \mathrm{diag}(1,3,3,4,4,1,1,2,1)$$

である．□

$v_i \sim v_j$ ならば $v_j \sim v_i$ なので，$a_{ij} = a_{ji}$ が成り立つ，つまり $\mathcal{A}$ は対称行列である．

グラフの隣接行列 $\mathcal{A}$ は，頂点にどのような番号付けをするかに依存して決まる．つまり，同じグラフで頂点の番号付けだけを変えると，異なる隣接行列 $\mathcal{A}'$ が得られる．このことは，隣接行列そのものはグラフの不変量ではないことを意味している．

しかしそれらは，行と列の入れ替えを適当に行うと一致する．より正確には，適当な置換行列 P を用いると $\mathcal{A}' = P^{-1}\mathcal{A}P$ という関係にある．

注意　置換行列 (permutation matrix) とは，単位行列の列を並び替えてできる行列である．n 次の置換行列は $n!$ 個ある．置換行列は直交行列であり，2 つの置換行列の積は別の置換行列になる．

例 12.2　次のように同じグラフに対して，その頂点に異なる番号付けをする．

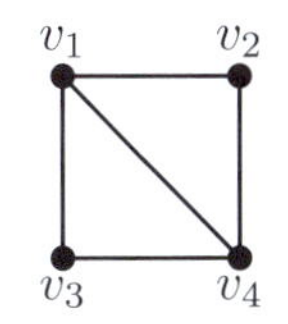

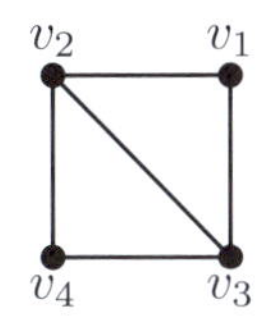

それぞれに対する隣接行列を $\mathcal{A}, \mathcal{A}'$ とすれば

$$\mathcal{A}=\begin{pmatrix}0&1&1&1\\1&0&0&1\\1&0&0&1\\1&1&1&0\end{pmatrix},\quad \mathcal{A}'=\begin{pmatrix}0&1&1&0\\1&0&1&1\\1&1&0&1\\0&1&1&0\end{pmatrix}$$

である．

$$P=(\boldsymbol{e}_2\ \boldsymbol{e}_1\ \boldsymbol{e}_4\ \boldsymbol{e}_3)=\begin{pmatrix}0&1&0&0\\1&0&0&0\\0&0&0&1\\0&0&1&0\end{pmatrix}$$

とおくと

$$\mathcal{A}'=P^{-1}\mathcal{A}P$$

となる． □

練習問題 12.1 上の例において，$P=P^{-1}$ であること（つまり $P^2=I$）を確かめよ．また $\mathcal{A}'=P^{-1}\mathcal{A}P$ が成り立つことを確かめよ．

$G=(V,E)$ がいくつかの連結成分を持つとしよう．つまり $V=V_1\cup\cdots\cup V_s$ と分割されて，$G_i=G[V_i]$ とおくと $G_1,\ldots,G_s$ は連結な G の部分グラフで $G=G_1\cup\cdots\cup G_s$ となっているとする．このとき，$i=1,\ldots,s$ に対して G_i の隣接行列を $\mathcal{A}_i$ とすれば，V の名前をうまく付けておくことで，G の隣接行列 $\mathcal{A}$ は

$$\mathcal{A}=\begin{pmatrix}\mathcal{A}_1&&&\\&\mathcal{A}_2&&\\&&\ddots&\\&&&\mathcal{A}_s\end{pmatrix}$$

とブロック対角行列の形になる．

例 12.3 $G=(V,E)$ を

$$V=\{1,2,3,4,5,6\},\quad E=\{12,13,23,45,56\}$$

で定める．G の隣接行列は（素直に $v_1=1,\ldots,v_6=6$ と頂点に名前を付けることで）

$$\mathcal{A} = \begin{pmatrix} 0 & 1 & 1 & 0 & 0 & 0 \\ 1 & 0 & 1 & 0 & 0 & 0 \\ 1 & 1 & 0 & 0 & 0 & 0 \\ 0 & 0 & 0 & 0 & 1 & 0 \\ 0 & 0 & 0 & 1 & 0 & 1 \\ 0 & 0 & 0 & 0 & 1 & 0 \end{pmatrix}$$

となる．$V_1 = \{1,2,3\}, V_2 = \{4,5,6\}$ に対して $G_1 = G[V_1], G_2 = G[V_2]$ とおく．$E_1 = \{12,13,23\}, E_2 = \{45,56\}$ とすれば $G_1 = (V_1, E_1), G_2 = (V_2, E_2)$ である．G_1, G_2 は G の連結成分であり $G = G_1 \cup G_2$ である．G_1, G_2 の隣接行列はそれぞれ

$$\mathcal{A}_1 = \begin{pmatrix} 0 & 1 & 1 \\ 1 & 0 & 1 \\ 1 & 1 & 0 \end{pmatrix}, \quad \mathcal{A}_2 = \begin{pmatrix} 0 & 1 & 0 \\ 1 & 0 & 1 \\ 0 & 1 & 0 \end{pmatrix}$$

となる（$\mathcal{A}_2$ については改めて $v_1 = 4, v_2 = 5, v_3 = 6$ と頂点に名前を付けて直して考えた）．確かに

$$\mathcal{A} = \begin{pmatrix} \mathcal{A}_1 & O \\ O & \mathcal{A}_2 \end{pmatrix}$$

が成り立っている． □

定理 12.4 G_1, G_2 をグラフとし，$G_1 \cap G_2 = \varnothing$ とする．$m = |G_1|$, $n = |G_2|$ とおく．G_1, G_2 の隣接行列をそれぞれ $\mathcal{A}_1, \mathcal{A}_2$ とすると，それらの結び $G_1 * G_2$ の隣接行列 $\mathcal{A}$ は，頂点に番号を適切に付ければ

$$\mathcal{A} = \begin{pmatrix} \mathcal{A}_1 & \mathbf{1}_{m,n} \\ \mathbf{1}_{n,m} & \mathcal{A}_2 \end{pmatrix}$$

によって与えられる．ただし $\mathbf{1}_{p,q}$ は成分がすべて 1 であるような $p \times q$ 行列である．

A を $m \times n$ 行列，B を $p \times q$ 行列とし，A の (i, j) 成分を a_{ij} とおく．2 つの行列 A, B の**クロネッカー積** (Kronecker product)$A \otimes B$ とは

$$A \otimes B = \begin{pmatrix} a_{11}B & \cdots & a_{1n}B \\ \vdots & \ddots & \vdots \\ a_{m1}B & \cdots & a_{mn}B \end{pmatrix}$$

によって定義される $mp \times nq$ 行列である．

例題 12.5

$$A = \begin{pmatrix} a & b \\ c & d \end{pmatrix}, \quad B = \begin{pmatrix} p & q & r \\ s & t & u \end{pmatrix}$$

のとき $A \otimes B$ を求めよ．

【解答】

$$A \otimes B = \begin{pmatrix} aB & bB \\ cB & dB \end{pmatrix} = \begin{pmatrix} ap & aq & ar & bp & bq & br \\ as & at & au & bs & bt & bu \\ cp & cq & cr & dp & dq & dr \\ cs & ct & cu & ds & dt & du \end{pmatrix}$$

である．□

A, B, C, A', B' を行列，x, x' を数として

$$(A \otimes B) \otimes C = A \otimes (B \otimes C),$$
$$(A \otimes B)(A' \otimes B') = (AA') \otimes (BB'),$$
$$(xA + x'A') \otimes B = x(A \otimes B) + x'(A' \otimes B),$$
$$A \otimes (xB + x'B') = x(A \otimes B) + x'(A \otimes B')$$

といった形の演算法則が成り立つ．

練習問題 12.2　登場する行列がすべて 2 次正方行列の場合に，上述の等式たちの成立を確かめよ．

練習問題 12.3　$I_m \otimes I_n = I_{mn}$ を示せ．

定理 12.6　G_1, G_2 をグラフとする．$n_1 = |G_1|$, $n_2 = |G_2|$ とおく．G_1, G_2 の隣接行列をそれぞれ $\mathcal{A}_1, \mathcal{A}_2$ とすると，それらのデカルト積 $G_1 \square G_2$ の隣接行列 $\mathcal{A}$ は，頂点に番号を適切に付ければ

$$\mathcal{A} = \mathcal{A}_1 \otimes I_{n_2} + I_{n_1} \otimes \mathcal{A}_2$$

によって与えられる．

例 12.7　$\mathcal{K}_3$ と $\mathcal{K}_2$ の隣接行列をそれぞれ $\mathcal{A}_1, \mathcal{A}_2$ とすれば

$$\mathcal{A}_1 = \begin{pmatrix} 0 & 1 & 1 \\ 1 & 0 & 1 \\ 1 & 1 & 0 \end{pmatrix}, \qquad \mathcal{A}_2 = \begin{pmatrix} 0 & 1 \\ 1 & 0 \end{pmatrix}$$

である．このとき

$$\begin{aligned} \mathcal{A} &= \mathcal{A}_1 \otimes I_2 + I_3 \otimes \mathcal{A}_2 \\ &= \begin{pmatrix} O & I_2 & I_2 \\ I_2 & O & I_2 \\ I_2 & I_2 & O \end{pmatrix} + \begin{pmatrix} \mathcal{A}_2 & O & O \\ O & \mathcal{A}_2 & O \\ O & O & \mathcal{A}_2 \end{pmatrix} = \begin{pmatrix} 0 & 1 & 1 & 0 & 1 & 0 \\ 1 & 0 & 0 & 1 & 0 & 1 \\ 1 & 0 & 0 & 1 & 1 & 0 \\ 0 & 1 & 1 & 0 & 0 & 1 \\ 1 & 0 & 1 & 0 & 0 & 1 \\ 0 & 1 & 0 & 1 & 1 & 0 \end{pmatrix} \end{aligned}$$

となるが，これは確かに（頂点の番号付けを図中の青字のようにすれば）

$\mathcal{K}_3 \square \mathcal{K}_2 =$

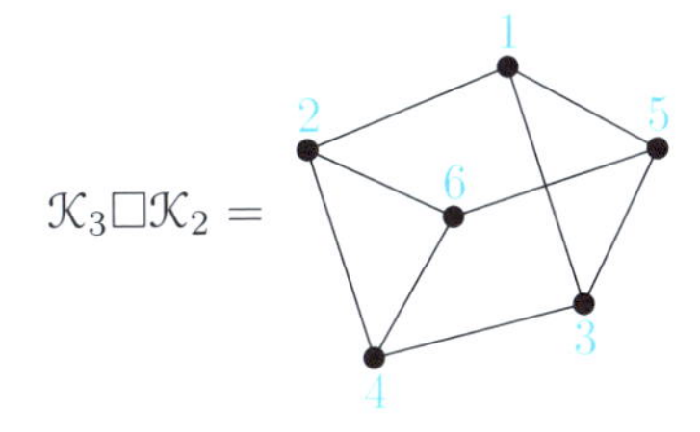

の隣接行列となる．□

練習問題 12.4　G_1, G_2 をグラフとし，それぞれの隣接行列を $\mathcal{A}_1, \mathcal{A}_2$ とする．隣接行列が $\mathcal{A}_1 \otimes \mathcal{A}_2$ で与えられるようなグラフを $G_1 \otimes G_2$ で表して G_1 と G_2 のクロネッカー積と呼ぶことにする．$G_1 \otimes G_2$ はどんなグラフか？

12.2 接続行列

$n \times m$ 行列 $\mathcal{B} = (b_{ij})_{\substack{1 \le i \le n \\ 1 \le j \le m}}$ を

$$b_{ij} = \begin{cases} 1 & v_i \in e_j \\ 0 & v_i \notin e_j \end{cases}$$

によって定める．この行列 $\mathcal{B}$ をグラフ G の**接続行列** (incidence matrix) と呼ぶ．隣接行列と同様に，接続行列も頂点や辺の番号付けの仕方に依存して決まる．

例 12.8 グラフ G を次のようなものとする．

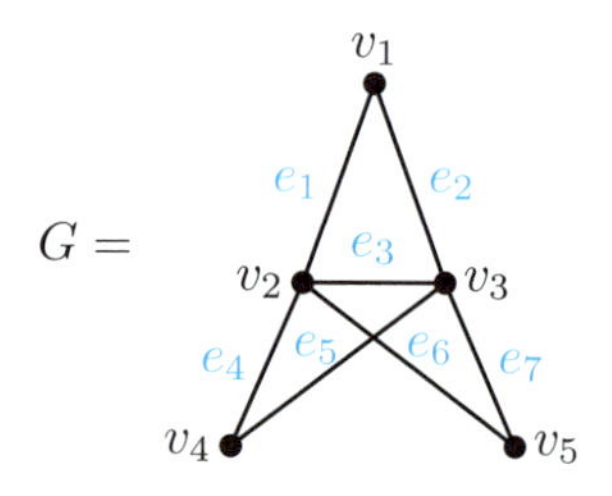

このとき，G の接続行列は

$$\mathcal{B} = \begin{pmatrix} 1 & 1 & 0 & 0 & 0 & 0 & 0 \\ 1 & 0 & 1 & 1 & 0 & 1 & 0 \\ 0 & 1 & 1 & 0 & 1 & 0 & 1 \\ 0 & 0 & 0 & 1 & 1 & 0 & 0 \\ 0 & 0 & 0 & 0 & 0 & 1 & 1 \end{pmatrix}$$

となる． □

練習問題 12.5 グラフの接続行列において，どの列にも 1 がちょうど 2 回現れる．なぜか？

定理 12.9 $\mathcal{A}, \mathcal{D}, \mathcal{B}$ をそれぞれグラフ G の隣接行列，次数行列，接続行列とすると

$$\mathcal{B}\mathcal{B}^\top = \mathcal{D} + \mathcal{A}$$

が成り立つ．特に G が k-正則グラフならば

$$\mathcal{B}\mathcal{B}^\top = kI_n + \mathcal{A}$$

である．

［証明］ $\mathcal{B}\mathcal{B}^\top$ の (i,j) 成分は

$$\sum_{r=1}^{m} b_{ir}b_{jr} = b_{i1}b_{j1} + b_{i2}b_{j2} + \cdots + b_{im}b_{jm}$$

である．$r = 1, 2, \ldots, m$ に対して

$$\begin{aligned} b_{ir}b_{jr} &= \begin{cases} 1 & b_{ir} = b_{jr} = 1 \\ 0 & \text{その他} \end{cases} = \begin{cases} 1 & v_i, v_j \in e_r \\ 0 & \text{その他} \end{cases} \\ &= \begin{cases} 1 & v_i \in e_r \ (i = j) \text{ または } e_r = v_iv_j \ (i \neq j) \\ 0 & \text{その他} \end{cases} \end{aligned}$$

であるから，$i = j$ のとき $\mathcal{B}\mathcal{B}^\top$ の (i,i) 成分は v_i に接続する辺の本数，つまり $\deg(v_i)$ に等しく，$i \neq j$ のとき $\mathcal{B}\mathcal{B}^\top$ の (i,j) 成分は $v_i \sim v_j$ ならば 1，そうでなければ 0 である． □

練習問題 12.6 例 12.8 のグラフ G において，G の隣接行列，次数行列，接続行列を $\mathcal{A}$, $\mathcal{D}$, $\mathcal{B}$ とするとき，$\mathcal{B}\mathcal{A}^\top = \mathcal{D} + \mathcal{A}$ が成り立っていることを確かめよ．

定理 12.10 G の接続行列を $\mathcal{B}$ とすると，$\mathcal{B}^\top\mathcal{B} - 2I_m$ は G のライングラフ $L(G)$ の隣接行列になる．

［証明］ $\mathcal{B}^\top\mathcal{B}$ の (i,j) 成分は

$$\sum_{s=1}^{n} b_{si}b_{sj} = b_{1i}b_{1j} + b_{2i}b_{2j} + \cdots + b_{ni}b_{nj}$$

である．$s = 1, 2, \ldots, n$ に対して

$$b_{si}b_{sj} = \begin{cases} 1 & b_{si} = b_{sj} = 1 \\ 0 & \text{その他} \end{cases} = \begin{cases} 1 & v_s \in e_i \cap e_j \\ 0 & \text{その他} \end{cases}$$

となるので，結局 $\mathcal{B}^\top\mathcal{B}$ の (i,j) 成分は $|e_i \cap e_j|$ に等しい．$i = j$ のときは $|e_i \cap e_i| = 2$ であり，$i \neq j$ のときは

$$|e_i \cap e_j| = \begin{cases} 1 & e_i \text{ と } e_j \text{ が } L(G) \text{ で隣接} \\ 0 & \text{その他} \end{cases}$$

となる．よって $L(G)$ の隣接行列を $\mathcal{A}'$ とすれば $\mathcal{B}^\top\mathcal{B} = \mathcal{A}' + 2I_m$ となる．□

例 12.11　G を例 12.8 のグラフとすると，そのライングラフは

$L(G) =$

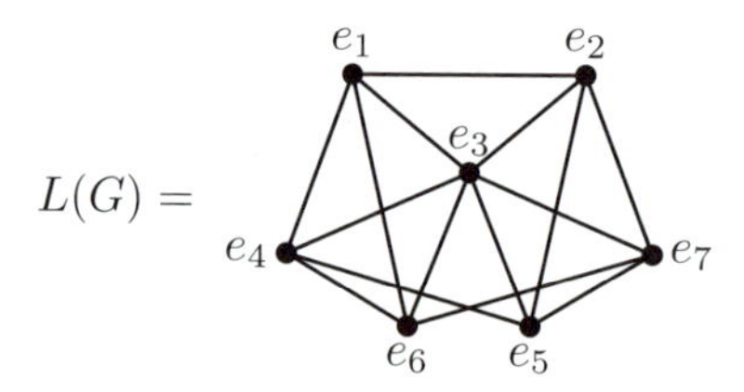

となる（確かめよ）．$L(G)$ の頂点の名前は G の辺の名前の付け方を受け継いで付けた．$L(G)$ の隣接行列は

$$\mathcal{A}' = \begin{pmatrix} 0 & 1 & 1 & 1 & 0 & 1 & 0 \\ 1 & 0 & 1 & 0 & 1 & 0 & 1 \\ 1 & 1 & 0 & 1 & 1 & 1 & 1 \\ 1 & 0 & 1 & 0 & 1 & 1 & 0 \\ 0 & 1 & 1 & 1 & 0 & 0 & 1 \\ 1 & 0 & 1 & 1 & 0 & 0 & 1 \\ 0 & 1 & 1 & 0 & 1 & 1 & 0 \end{pmatrix}$$

である．G の接続行列を $\mathcal{B}$ とすれば，$\mathcal{A}'$ は $\mathcal{B}^\top\mathcal{B} - 2I_7$ に等しい．□

練習問題 12.7　上の例で $\mathcal{B}^\top\mathcal{B} - 2I_7$ を実際に計算して $\mathcal{A}'$ と一致することを確かめよ．

グラフの向き付けと接続行列

$G=(V,E)$ において，E に適当な向き付けをしたものを

$$E'=\{e'_1,\ldots,e'_m\}$$

として有向グラフ $G'=(V,E')$ を作る．$n\times m$ 行列 $\widetilde{\mathcal{B}}=(\widetilde{b}_{ij})_{\substack{1\le i\le n\\1\le j\le m}}$ を

$$\widetilde{b}_{ij}=\begin{cases}1 & v_i \text{ が } e'_j \text{ の始点}\\ -1 & v_i \text{ が } e'_j \text{ の終点}\\ 0 & \text{その他}\end{cases}$$

によって定め，これを G' の**接続行列**と呼ぶ．次が成り立つ．

定理 12.12 $\mathcal{A},\mathcal{D}$ をそれぞれグラフ G の隣接行列，次数行列とすると

$$\widetilde{\mathcal{B}}\widetilde{\mathcal{B}}^{\top}=\mathcal{D}-\mathcal{A}$$

が成り立つ．特に G が k-正則グラフならば

$$\widetilde{\mathcal{B}}\widetilde{\mathcal{B}}^{\top}=kI_n-\mathcal{A}$$

である．

[証明] $\widetilde{\mathcal{B}}\widetilde{\mathcal{B}}^{\top}$ の (i,j) 成分は

$$\sum_{r=1}^{n}c_{ir}c_{jr}=\widetilde{b}_{i1}\widetilde{b}_{j1}+\widetilde{b}_{i2}\widetilde{b}_{j2}+\cdots+\widetilde{b}_{in}\widetilde{b}_{jn}$$

である．

$$\widetilde{b}_{ir}\widetilde{b}_{jr}=\begin{cases}1 & \widetilde{b}_{ir}=\widetilde{b}_{jr}=\pm1\\ -1 & \widetilde{b}_{ir}=\pm1,\ \widetilde{b}_{jr}=\mp1\\ 0 & \text{その他}\end{cases}$$

$$=\begin{cases}1 & v_i\in e'_r,\ i=j\\ -1 & e'_r=(v_i,v_j) \text{ または } (v_j,v_i),\ i\neq j\\ 0 & \text{その他}\end{cases}$$

$$=\begin{cases}1 & v_i\in e_r,\ i=j\\ -1 & e_r=v_iv_j,\ i\neq j\\ 0 & \text{その他}\end{cases}$$

であるから，$i = j$ のとき $\widetilde{\mathcal{B}}\widetilde{\mathcal{B}}^\top$ の (i,i) 成分は v_i に接続する辺の本数，つまり $\deg(v_i)$ に等しく，$i \neq j$ のとき $\widetilde{\mathcal{B}}\widetilde{\mathcal{B}}^\top$ の (i,j) 成分は $v_i \sim v_j$ ならば -1，そうでなければ 0 である． □

行列 $\widetilde{\mathcal{B}}$ は辺の向き付けの仕方によって変わるにも関わらず，積 $\widetilde{\mathcal{B}}\widetilde{\mathcal{B}}^\top$ は向き付けと関係なく $\mathcal{D}-\mathcal{A}$ となってしまうのである．なお，この行列 $\widetilde{\mathcal{B}}\widetilde{\mathcal{B}}^\top = \mathcal{D}-\mathcal{A}$ のことをグラフ G の**ラプラシアン行列** (Laplacian matrix) と呼ぶ．

注意　以上のことから，$\mathcal{D}+\mathcal{A}$ と $\mathcal{D}-\mathcal{A}$ はどちらも半正定値対称行列となることが分かる．つまり $\mathcal{D}+\mathcal{A}, \mathcal{D}-\mathcal{A}$ の固有値はすべて 0 以上の実数である．特に G が k-正則グラフならば，$\mathcal{A}$ の固有値はすべて絶対値が k 以下の実数である．

例 12.13　例 12.8 のグラフ G において，辺の向き付けを

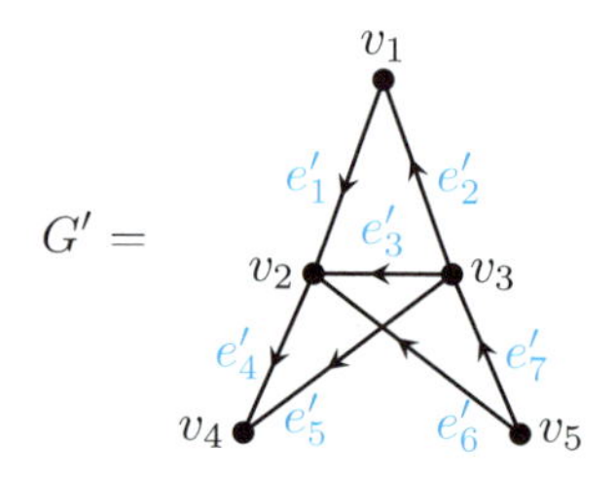

のように決めてみる．そうしてできた有向グラフ $G' = (V, E')$ の隣接行列 $\widetilde{\mathcal{B}}$ は

$$\widetilde{\mathcal{B}} = \begin{pmatrix} 1 & -1 & 0 & 0 & 0 & 0 & 0 \\ -1 & 0 & -1 & 1 & 0 & -1 & 0 \\ 0 & 1 & 1 & 0 & 1 & 0 & -1 \\ 0 & 0 & 0 & -1 & -1 & 0 & 0 \\ 0 & 0 & 0 & 0 & 0 & 1 & 1 \end{pmatrix}$$

となる． □

練習問題 12.8　上の例で $\widetilde{\mathcal{B}}\widetilde{\mathcal{B}}^\top$ を計算し，それが $\mathcal{D}-\mathcal{A}$ に等しいことを確かめよ．ただし $\mathcal{D}, \mathcal{A}$ は G の次数行列と隣接行列である．

12.3 隣接行列からグラフの不変量を引き出す

グラフ G の隣接行列 $\mathcal{A}$ は，G の頂点たちの隣接関係の情報をすべて持っているといえる．ということは，グラフ G に関する様々な量は $\mathcal{A}$ の情報を用いて表すことができるはずである．やってみよう．

頂点の次数

命題 12.14　各 $i = 1, \ldots, n$ に対し，以下のことが成り立つ．
(1) $\mathcal{A}$ の第 i 行の成分の総和 $a_{i1} + \cdots + a_{in}$ は $\deg(v_i)$ に等しい．
(2) $\mathcal{A}^2$ の (i,i) 成分は $\deg(v_i)$ に等しい．

グラフのサイズ

命題 12.15　$\mathcal{A}$ のすべての成分の総和は $2m$ に等しい．

G が木であるための必要十分条件は，G が連結でありかつ $n = m + 1$ が成り立つことであるが（定理 6.10），後述の命題（命題 12.18）と合わせれば $\mathcal{A}$ の情報だけで G が木であるかどうかの判定をすることができる．

歩道を数える

命題 12.16　$\mathcal{A}^k$ の (i,j) 成分は，v_i から v_j への長さ k の歩道の総数に等しい．

［証明］　行列の積の定義から素直に計算すれば，$\mathcal{A}^k$ の (i,j) 成分は

$$\sum_{s_1=1}^{n} \cdots \sum_{s_{k-1}=1}^{n} a_{is_1} a_{s_1 s_2} \cdots a_{s_{k-1} j} \tag{12.1}$$

となる．隣接行列の定義から

$$a_{is_1} a_{s_1 s_2} \cdots a_{s_{k-1} j} = \begin{cases} 1 & a_{is_1} = a_{s_1 s_2} = \cdots = a_{s_{k-1} j} = 1, \\ 0 & \text{その他} \end{cases}$$
$$= \begin{cases} 1 & v_i \sim v_{s_1} \sim v_{s_2} \sim \cdots \sim v_{s_{k-1}} \sim v_j, \\ 0 & \text{その他} \end{cases}$$

である．つまり (12.1) は，あらゆる頂点の列 $(v_i, v_{s_1}, \ldots, v_{s_{k-1}}, v_j)$ のうちで歩道をなすものの個数を数えていることになる． □

命題 12.17 $\mathcal{A}^k$ の (i,j) 成分が 0 ではないような最小の非負整数 k の値は $\mathrm{dist}(v_i, v_j)$ に等しい．

[証明] $\mathcal{A}, \mathcal{A}^2, \ldots, \mathcal{A}^{k-1}$ の (i,j) 成分がすべて 0 で，しかし $\mathcal{A}^k$ の (i,j) 成分は 0 ではないとすると，命題 12.16 によって，v_i から v_j への長さ k 未満の歩道は存在しないが，長さ k の歩道は存在することを意味する． □

命題 12.18 行列の和

$$I_n + \mathcal{A} + \mathcal{A}^2 + \cdots + \mathcal{A}^k$$

が正行列（すべての成分が正であるような行列）となるような非負整数 k が存在すれば G は連結であり，そのような k の最小値は $\mathrm{diam}(G)$ に等しい．

[証明] 命題 12.16 によって，$I_n + \mathcal{A} + \mathcal{A}^2 + \cdots + \mathcal{A}^k$ の (i,j) 成分は v_i と v_j を結ぶ長さが k 以下の歩道の総数を表す．よって $I_n + \mathcal{A} + \mathcal{A}^2 + \cdots + \mathcal{A}^k$ が正行列であるとすれば，それは任意の 2 頂点が長さ k 以下の歩道で結ばれることを意味するので，特に G は連結である．そして，$I_n + \mathcal{A} + \mathcal{A}^2 + \cdots + \mathcal{A}^{k-1}$ は正行列ではないが $I_n + \mathcal{A} + \mathcal{A}^2 + \cdots + \mathcal{A}^k$ は正行列であるとすると，長さ $k-1$ 以下の歩道では結ばれず，長さ k の歩道で初めて結ばれるような 2 頂点があることを意味するので，$\mathrm{diam}(G) = k$ となる． □

12.4 全域木を数える

定理 12.19 （行列木定理） G を位数 n のグラフとし，$\mathcal{A}$, $\mathcal{D}$ を G の隣接行列，次数行列とする．$\mathcal{L} = \mathcal{D} - \mathcal{A}$ を G のラプラシアン行列とする．このとき，$\mathcal{L}$ の任意の (i,i) 余因子（$\mathcal{L}$ から i 行と i 列を削除してできる $n-1$ 次行列の行列式）は G の全域木の総数に等しい．

これが正しいことを具体例で確かめてみよう．

例 12.20 G を次のグラフとする．

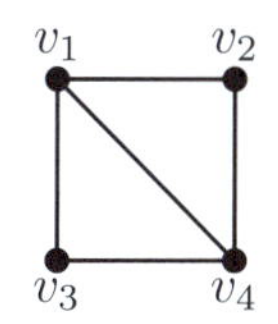

G の全域木を列挙すると次のようになる．

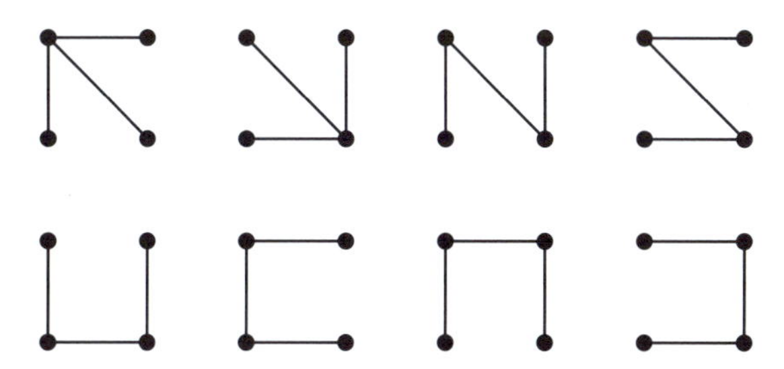

つまり G の全域木は 8 つある．一方で G の隣接行列 $\mathcal{A}$ と次数行列 $\mathcal{D}$ はそれぞれ

$$\mathcal{A} = \begin{pmatrix} 0 & 1 & 1 & 1 \\ 1 & 0 & 0 & 1 \\ 1 & 0 & 0 & 1 \\ 1 & 1 & 1 & 0 \end{pmatrix}, \qquad \mathcal{D} = \begin{pmatrix} 3 & 0 & 0 & 0 \\ 0 & 2 & 0 & 0 \\ 0 & 0 & 2 & 0 \\ 0 & 0 & 0 & 3 \end{pmatrix}$$

なので，G のラプラシアン行列は

$$\mathcal{L} = \mathcal{D} - \mathcal{A} = \begin{pmatrix} 3 & -1 & -1 & -1 \\ -1 & 2 & 0 & -1 \\ -1 & 0 & 2 & -1 \\ -1 & -1 & -1 & 3 \end{pmatrix}$$

である．$\mathcal{L}$ の $(1,1)$ 余因子は $\mathcal{L}$ の 1 行と 1 列を削除してできる 3 次正方行列の行列式なので

$$\mathcal{L} \text{ の } (1,1) \text{ 余因子} = \begin{vmatrix} 2 & 0 & -1 \\ 0 & 2 & -1 \\ -1 & -1 & 3 \end{vmatrix} = 8$$

となり，確かに G の全域木の総数と一致している！ □

練習問題 12.9 上の例で $\mathcal{L}$ の $(2,2)$ 余因子，$(3,3)$ 余因子，$(4,4)$ 余因子を同様に計算し，それらの値もすべて 8 になることを確かめよ．

練習問題 12.10 $\mathcal{K}_4$ の全域木の総数を，次の 2 つの方法でそれぞれ求めよ：(1) 具体的に列挙する，(2) 行列木定理を使う．

行列木定理の証明

$m = \|G\|$ とおく．$V = \{v_1, \ldots, v_n\}$, $E = \{e_1, \ldots, e_m\}$ として，E の向き付け E' を任意に 1 つ決めて有向グラフ (V, E') の接続行列を $\widetilde{\mathcal{B}}$ とする．

i を 1 から n のうちのどれかとして，$\mathcal{L}$ の i 行と i 列を削除した行列を $\mathcal{L}'$，$\widetilde{\mathcal{B}}$ の i 行を削除した行列を $\widetilde{\mathcal{B}}'$ とすると $\mathcal{L}' = \widetilde{\mathcal{B}}'(\widetilde{\mathcal{B}}')^\top$ である．よってコーシー-ビネの公式（後述の定理 12.21）により

$$\begin{aligned}\det \mathcal{L}' &= \det(\widetilde{\mathcal{B}}'(\widetilde{\mathcal{B}}')^\top) \\ &= \sum_{1 \le j_1 < j_2 < \cdots < j_{n-1} \le m} \det \widetilde{\mathcal{B}}'_{j_1, j_2, \ldots, j_{n-1}} \det(\widetilde{\mathcal{B}}'_{j_1, j_2, \ldots, j_{n-1}})^\top \\ &= \sum_{1 \le j_1 < j_2 < \cdots < j_{n-1} \le m} (\det \widetilde{\mathcal{B}}'_{j_1, j_2, \ldots, j_{n-1}})^2\end{aligned}$$

である．ただし $\widetilde{\mathcal{B}}'_{j_1, j_2, \ldots, j_{n-1}}$ は $\widetilde{\mathcal{B}}'$ から j_1 列，j_2 列，$\cdots$，j_{n-1} 列を抜き出して並べてできる $n-1$ 次行列である．

$$G_{j_1, j_2, \ldots, j_{n-1}} = (V, \{e_{j_1}, e_{j_2}, \ldots, e_{j_{n-1}}\})$$

という G の部分グラフを考え，そのラプラシアン行列を $\mathcal{L}_{j_1, j_2, \ldots, j_{n-1}}$ で表すことにする．$\mathcal{L}_{j_1, j_2, \ldots, j_{n-1}}$ の i 行と i 列を削除した行列を $\mathcal{L}'_{j_1, j_2, \ldots, j_{n-1}}$ とおくと

$$\mathcal{L}'_{j_1, j_2, \ldots, j_{n-1}} = \widetilde{\mathcal{B}}'_{j_1, j_2, \ldots, j_{n-1}}(\widetilde{\mathcal{B}}'_{j_1, j_2, \ldots, j_{n-1}})^\top$$

である．よって

$$\det \mathcal{L}' = \sum_{1 \le j_1 < j_2 < \cdots < j_{n-1} \le m} \det \mathcal{L}'_{j_1, j_2, \ldots, j_{n-1}}$$

となる．右辺は $n-1$ 本の辺を持つ G の部分グラフ全体を渡る和である．実は

$$\det \mathcal{L}'_{j_1, j_2, \ldots, j_{n-1}} = \begin{cases} 1 & G_{j_1, j_2, \ldots, j_{n-1}} \text{ が木} \\ 0 & \text{その他} \end{cases}$$

であることが分かるので，$\det \mathcal{L}'$ はちょうど G の全域木を数えていることになる．

定理 12.21　（コーシー-ビネ (Cauchy-Binet) の公式）　$A = (a_{ij})$ を $n \times m$ 行列，$B = (b_{ij})$ を $m \times n$ 行列とするとき，

$$\det(AB) = \sum_{1 \leq j_1 < \cdots < j_n \leq m} \det(A_{j_1,\ldots,j_n}) \det(B^{j_1,\ldots,j_n})$$

が成り立つ．ただし $A_{j_1,\ldots,j_n}$ は A の j_1 列，$\cdots$，j_n 列を抜き出して順に並べて作った n 次行列で，$B^{j_1,\ldots,j_n}$ は B の j_1 行，$\cdots$，j_n 行を抜き出して順に並べて作った n 次行列である．

例 12.22

$$A = \begin{pmatrix} a_{11} & a_{12} & a_{13} \\ a_{21} & a_{22} & a_{23} \end{pmatrix}, \quad B = \begin{pmatrix} b_{11} & b_{12} \\ b_{21} & b_{22} \\ b_{31} & b_{32} \end{pmatrix}$$

のとき

$$A_{1,2} = \begin{pmatrix} a_{11} & a_{12} \\ a_{21} & a_{22} \end{pmatrix}, \quad A_{1,3} = \begin{pmatrix} a_{11} & a_{13} \\ a_{21} & a_{23} \end{pmatrix}, \quad A_{2,3} = \begin{pmatrix} a_{12} & a_{13} \\ a_{22} & a_{23} \end{pmatrix},$$

$$B^{1,2} = \begin{pmatrix} b_{11} & b_{12} \\ b_{21} & b_{22} \end{pmatrix}, \quad B^{1,3} = \begin{pmatrix} b_{11} & b_{12} \\ b_{31} & b_{32} \end{pmatrix}, \quad B^{2,3} = \begin{pmatrix} b_{21} & b_{22} \\ b_{31} & b_{32} \end{pmatrix}$$

で，コーシー-ビネの公式は

$$\begin{aligned} \det(AB) = {} & \det(A_{1,2}) \det(B^{1,2}) \\ & + \det(A_{1,3}) \det(B^{1,3}) + \det(A_{2,3}) \det(B^{2,3}) \end{aligned} \tag{12.2}$$

となる．□

練習問題 12.11　上の例における (12.2) の両辺をそれぞれ計算し，(12.2) が成り立っていることを確かめよ．

第 12 章 章末問題

問題 12.1 定理 12.4 を証明せよ.

問題 12.2 命題 12.14 を証明せよ.

問題 12.3 命題 12.15 を証明せよ.

問題 12.4 **(コーシー-シュヴァルツ (Cauchy-Schwarz) の不等式)** n を自然数とし, $x_1, \ldots, x_n, y_1, \ldots, y_n$ を実数とする.

$$A = \begin{pmatrix} x_1 & x_2 & \cdots & x_n \\ y_1 & y_2 & \cdots & y_n \end{pmatrix}, \quad B = A^\top$$

に対してコーシー-ビネの公式を適用して得られる等式を利用して, 不等式

$$(x_1y_1 + \cdots + x_ny_n)^2 \leq (x_1^2 + \cdots + x_n^2)(y_1^2 + \cdots + y_n^2)$$

が成り立つことを証明せよ.

問題 12.5 完全グラフ $\mathcal{K}_n$ の全域木の総数は n^{n-2} であることを確かめよ.

問題 12.6 完全 2 部グラフ $\mathcal{K}_{m,n}$ の全域木の総数は $m^{n-1}n^{m-1}$ であることを確かめよ.

第13章
グラフのスペクトル理論入門

グラフ G に対して，G の隣接行列 $\mathcal{A}$ は頂点への番号の付け方に依存して決まる．異なる番号付けによって別の隣接行列 $\mathcal{A}'$ ができたとすると，しかし，$\mathcal{A}$ と $\mathcal{A}'$ は $\mathcal{A}' = P^{-1}\mathcal{A}P$（$P$ は適当な置換行列）という関係にあるのであった．このことは，$\mathcal{A}$ と $\mathcal{A}'$ の固有値は一致することを意味する．つまり，グラフの隣接行列自体はグラフの不変量ではないが，隣接行列の固有値はグラフの不変量である，ということである．

隣接行列の固有値がグラフのどのような特徴を反映しているか，また他のグラフの不変量とどのように関係しているか，という視点に立つのがグラフのスペクトル理論である．この章では，グラフのスペクトル理論の初歩的な事項を紹介する．

13.1 グラフのスペクトル

G の隣接行列 $\mathcal{A}$ の固有値全体からなる多重集合を $\mathrm{Spec}(G)$ で表し，G のスペクトル (spectrum) と呼ぶ．$n = |G|$ として

$$\det(tI_n - \mathcal{A}) = (t - \alpha_1)^{m_1} \cdots (t - \alpha_s)^{m_s}$$

であるとき

$$\mathrm{Spec}(G) = \{\overbrace{\alpha_1, \ldots, \alpha_1}^{m_1}, \ldots, \overbrace{\alpha_s, \ldots, \alpha_s}^{m_s}\}$$

であるが，これをより見やすく

$$\mathrm{Spec}(G) = \begin{pmatrix} \alpha_1 & \cdots & \alpha_s \\ m_1 & \cdots & m_s \end{pmatrix}$$

とも表すことにする．一般に，対称行列は直交行列によって対角化され，固有値はすべて実数であるので，$\mathcal{A}$ の固有値はすべて実数である．

なお $\mathcal{A}$ の固有値のことを G の固有値と呼ぶ．G の位数が n のとき，G の固有値を大きい順に（重複も込めて）

$$\lambda_1(G) \geq \lambda_2(G) \geq \cdots \geq \lambda_n(G)$$

と表すことにする．簡単のため，G を略して単に $\lambda_1, \lambda_2, \ldots, \lambda_n$ と表すこともある．λ_r は r 番目に大きい G の固有値ということで，G の第 r 固有値と呼ばれる．

例 13.1 完全グラフ $\mathcal{K}_n$ の隣接行列は，対角成分はすべて 0，それ以外の成分はすべて 1 の行列である：

$$\mathcal{A} = \begin{pmatrix} 0 & 1 & \cdots & 1 \\ 1 & 0 & \cdots & 1 \\ \vdots & \vdots & \ddots & \vdots \\ 1 & 1 & \cdots & 0 \end{pmatrix}.$$

従って，$\mathcal{A}$ の特性多項式は

$$\det(I_n - \mathcal{A}) = \begin{vmatrix} t & -1 & \cdots & -1 \\ -1 & t & \cdots & -1 \\ \vdots & \vdots & \ddots & \vdots \\ -1 & -1 & \cdots & t \end{vmatrix} = (t - n + 1)(t + 1)^{n-1}$$

となる．よって $\mathcal{K}_n$ のスペクトルは

$$\mathrm{Spec}(\mathcal{K}_n) = \begin{pmatrix} n-1 & -1 \\ 1 & n-1 \end{pmatrix}$$

となり，

$$\lambda_1 = n - 1, \quad \lambda_2 = \lambda_3 = \cdots = \lambda_n = -1$$

である． □

例 13.2 完全 2 部グラフ $\mathcal{K}_{m,n}$ の隣接行列は，ブロック分割の形で

$$\mathcal{A} = \begin{pmatrix} O_m & \mathbf{1}_{m,n} \\ \mathbf{1}_{n,m} & O_n \end{pmatrix}$$

となる．ただし O_k は k 次のゼロ行列を，$\mathbf{1}_{p,q}$ は成分がすべて 1 の $p \times q$ 行

列を表す．従って，$\mathcal{A}$ の特性多項式は

$$\det(tI_{m+n} - \mathcal{A}) = \begin{vmatrix} tI_m & -\mathbf{1}_{m,n} \\ -\mathbf{1}_{n,m} & tI_n \end{vmatrix} = t^{m+n-2}(t^2 - mn)$$

となる．よって $\mathcal{K}_{m,n}$ のスペクトルは

$$\mathrm{Spec}(\mathcal{K}_{m,n}) = \begin{pmatrix} \sqrt{mn} & 0 & -\sqrt{mn} \\ 1 & m+n-2 & 1 \end{pmatrix}$$

なので

$$\lambda_1 = \sqrt{mn}, \quad \lambda_2 = \lambda_3 = \cdots = \lambda_{m+n-1} = 0, \quad \lambda_{m+n} = -\sqrt{mn}$$

である．□

例 13.3　サイクル $\mathcal{C}_n$ の隣接行列は

$$\mathcal{A} = \begin{pmatrix} 0 & 1 & 0 & \cdots & 0 & 1 \\ 1 & 0 & 1 & \cdots & 0 & 0 \\ 0 & 1 & 0 & \cdots & 0 & 0 \\ \vdots & \vdots & \vdots & \ddots & \vdots & \vdots \\ 0 & 0 & 0 & \cdots & 0 & 1 \\ 1 & 0 & 0 & \cdots & 1 & 0 \end{pmatrix}$$

となる．対角線の両隣の斜め線上の成分，および $(1, n)$ 成分と $(n, 1)$ 成分が 1 で，その他の成分が 0 であるような n 次行列である．$n = 2m + 1$ のとき

$$\mathrm{Spec}(\mathcal{C}_n) = \begin{pmatrix} 2 & 2\cos\frac{2\pi}{n} & 2\cos\frac{4\pi}{n} & \cdots & 2\cos\frac{2m\pi}{n} \\ 1 & 2 & 2 & \cdots & 2 \end{pmatrix}$$

であり，$n = 2m$ のとき（このとき $\mathcal{C}_{2m}$ は 2 部グラフである）

$$\mathrm{Spec}(\mathcal{C}_n) = \begin{pmatrix} 2 & 2\cos\frac{2\pi}{n} & 2\cos\frac{4\pi}{n} & \cdots & 2\cos\frac{2(m-1)\pi}{n} & -2 \\ 1 & 2 & 2 & \cdots & 2 & 1 \end{pmatrix}$$

である．□

注意　この計算は，より一般的な状況でケイリーグラフの章（14章）で扱うが，仕組みをかいつまんで説明すると次のようになる．単位行列の列を $I_n = (\boldsymbol{e}_1\ \boldsymbol{e}_2\ \cdots\ \boldsymbol{e}_n)$ と表しておいて

$$C = (\boldsymbol{e}_2\ \boldsymbol{e}_3\ \cdots\ \boldsymbol{e}_n\ \boldsymbol{e}_1)$$

とおけば

$$\mathcal{A} = C + C^{-1}$$

である．C の特性多項式は $t^n - 1$ であることが簡単にわかり，C の固有値は

$$\cos\frac{2k\pi}{n} + i\sin\frac{2k\pi}{n} \quad (k = 0, 1, \ldots, n-1)$$

となる．$P^{-1}CP$ が対角行列となるように正則行列 P を選ぶと，$P^{-1}C^{-1}P$ も対角行列なので $P^{-1}(C + C^{-1})P$ も対角行列である．このことから $\mathcal{A} = C + C^{-1}$ の固有値は

$$\left(\cos\frac{2k\pi}{n} + i\sin\frac{2k\pi}{n}\right) + \left(\cos\frac{2k\pi}{n} + i\sin\frac{2k\pi}{n}\right)^{-1} = 2\cos\frac{2k\pi}{n} \qquad (k = 0, 1, \ldots, n-1)$$

と分かる．

練習問題 13.1　$\mathcal{K}_4$ の隣接行列

$$\mathcal{A} = \begin{pmatrix} 1 & 1 & 1 & 1 \\ 1 & 1 & 1 & 1 \\ 1 & 1 & 1 & 1 \\ 1 & 1 & 1 & 1 \end{pmatrix}$$

の特性多項式が $(t+1)^3(t-3)$ となることを確かめよ．

練習問題 13.2　$\mathcal{K}_{3,2}$ の隣接行列

$$\mathcal{A} = \begin{pmatrix} 0 & 0 & 0 & 1 & 1 \\ 0 & 0 & 0 & 1 & 1 \\ 0 & 0 & 0 & 1 & 1 \\ 1 & 1 & 1 & 0 & 0 \\ 1 & 1 & 1 & 0 & 0 \end{pmatrix}$$

の特性多項式が $t^3(t^2 - 6)$ となることを確かめよ．

練習問題 13.3　$\mathcal{C}_6$ の隣接行列

$$\mathcal{A} = \begin{pmatrix} 0 & 1 & 0 & 0 & 0 & 1 \\ 1 & 0 & 1 & 0 & 0 & 0 \\ 0 & 1 & 0 & 1 & 0 & 0 \\ 0 & 0 & 1 & 0 & 1 & 0 \\ 0 & 0 & 0 & 1 & 0 & 1 \\ 1 & 0 & 0 & 0 & 1 & 0 \end{pmatrix}$$

の特性多項式が $(t^2-1)^2(t^2-4)$ となることを確かめよ．

第 1 固有値と第 2 固有値の差 $\lambda_1 - \lambda_2$ は重要な量で，これを G の**スペクトルギャップ** (spectral gap) と呼ぶ．その重要性が垣間見える一例として，次の定理は，「拡大係数が大きいグラフ」と「スペクトルギャップが大きいグラフ」はほぼ同じであるということを教えてくれる．

定理 13.4　（**アロン-ミルマン (Allon-Milman) の定理**）　G が d-正則グラフのとき

$$\frac{d-\lambda_2}{2} \leq \mathrm{h}(G) \leq \sqrt{2d(d-\lambda_2)}$$

が成り立つ．

アロン-ミルマンの定理から特に，d-正則グラフの無限列 $\{G_n\}$ がエクスパンダー族であるためには，

(1) $\lim_{n\to\infty} |G_n| = \infty$
(2) ある $\varepsilon > 0$ が存在して，$d - \lambda_2(G_n) \geq \varepsilon$ $(n = 1, 2, \ldots)$

であれば良いことになる．

例 13.5　(1) $\mathcal{K}_n$ の第 1 固有値と第 2 固有値は $n-1$, -1 なので，$\mathcal{K}_n$ のスペクトルギャップは n である．

(2) $\mathcal{K}_{m,n}$ の第 1 固有値と第 2 固有値は $\sqrt{mn}$, 0 なので，$\mathcal{K}_{m,n}$ のスペクトルギャップは $\sqrt{mn}$ である．　□

G が d-正則グラフのとき

$$\lambda(G) := \max\{|\lambda_j| \mid \lambda_j \neq \pm d\}$$

とおく．これは固有値の絶対値のうちで2番目に大きいものを表す．

例 13.6 $\lambda(\mathcal{K}_n) = 1$, $\lambda(\mathcal{K}_{n,n}) = 0$ である． □

練習問題 13.4 G が d-正則グラフのとき，G のスペクトルギャップ $\lambda_1 - \lambda_2$ は $d - \lambda(G)$ 以上である，つまり $\lambda_1 - \lambda_2 \geq d - \lambda(G)$ が成り立つことを示せ．

13.2 スペクトルについての基本的なこと

命題 13.7 G が連結成分 $G_1, \ldots, G_s$ の和 $G = G_1 \cup \cdots \cup G_s$ であるとする．このとき

$$\mathrm{Spec}(G) = \mathrm{Spec}(G_1) + \cdots + \mathrm{Spec}(G_s)$$

が成り立つ．ただし右辺は多重集合としての和である．

[証明] $i = 1, \ldots, s$ に対して G_i の隣接行列を $\mathcal{A}_i$ とすれば

$$\mathcal{A} = \begin{pmatrix} \mathcal{A}_1 & & \\ & \ddots & \\ & & \mathcal{A}_s \end{pmatrix}$$

となる（ように頂点にうまく名前を付けられる）のだった．すると $\mathcal{A}$ の特性多項式は $\mathcal{A}_i$ たちの特性多項式の積となる，つまり

$$\det(tI - \mathcal{A}) = \det(tI - \mathcal{A}_1) \cdots \det(tI - \mathcal{A}_s)$$

となる．つまり $\mathcal{A}$ の固有値は $\mathcal{A}_i$ の固有値たちを集めたものである． □

定理 13.8 G が d-正則グラフのとき，

(1) G は d を固有値に持つ．

(2) 固有値 d の重複度は，G の連結成分の個数に等しい．

(3) G の任意の固有値 λ に対して $|\lambda| \leq d$ が成り立つ．

[証明]　G を d-正則グラフとし，その隣接行列を A とする．(3) は既に説明した．命題 13.7 により，G が連結グラフのときに固有値 d を重複度 1 で持つことを示せば (1) と (2) が証明されたことになるので，以下では G は連結と仮定する．すべての成分が 1 のベクトル

$$\boldsymbol{x} = \begin{pmatrix} 1 \\ \vdots \\ 1 \end{pmatrix}$$

は $A\boldsymbol{x} = d\boldsymbol{x}$ を満たす，つまり固有値 d に対する A の固有ベクトルである．d の重複度が 1 であることをいうためには，

$$\boldsymbol{y} = \begin{pmatrix} y_1 \\ \vdots \\ y_n \end{pmatrix}, \quad \boldsymbol{y} \neq \boldsymbol{0}$$

が $A\boldsymbol{y} = d\boldsymbol{y}$ を満たすならば $\boldsymbol{y}$ は $\boldsymbol{x}$ の定数倍となること，つまり $y_1 = \cdots = y_n$ を示せば良い．$|y_1|, \ldots, |y_n|$ のうちで最大のものが s 番目の $|y_s|$ であるとする．v_s に隣接する d 個の頂点を $v_{i_1}, \ldots, v_{i_d}$ とすると，$A\boldsymbol{y} = d\boldsymbol{y}$ の両辺の第 s 成分を見ることで

$$y_{i_1} + \cdots + y_{i_d} = dy_s$$

が分かる．一方，y_s は絶対値が最大のものを選んでいるので

$$|y_{i_1}| \leq |y_s|, \ \ldots, \ |y_{i_d}| \leq |y_s|$$

が成り立つ．すると

$$d\,|y_s| = |y_{i_1} + \cdots + y_{i_d}| \leq |y_{i_1}| + \cdots + |y_{i_d}| \leq \overbrace{|y_s| + \cdots + |y_s|}^{d} = d\,|y_s|$$

である．最左辺と最右辺が等しいので，途中の不等号では等号が成立しなくてはならない．このことから

$$y_{i_1} = \cdots = y_{i_d} = y_s$$

でなければならない．この考察を続けていくと，G は連結なので，すべての y_i が y_s に等しいことになる．□

定理 13.9　G が d-正則グラフのとき，次の条件は互いに同値である．
(a) G は 2 部グラフである．
(b) $\mathrm{Spec}(G)$ は 0 に関して対称である，つまり λ が重複度 m の G の固有値ならば，$-\lambda$ もそうである．
(c) $-d \in \mathrm{Spec}(G)$ である．

[証明]　部分的に証明を与える．

(a) ⇒ (b): $G = (V, E)$ が $V = V_1 \cup V_2$ を 2 部分割とする 2 部グラフであるとし，$V_1 = \{v_1, \ldots, v_p\}$, $V_2 = \{v_{p+1}, \ldots, v_{p+q}\}$ $(p \geq q)$ であるとする．このとき G の隣接行列 $\mathcal{A}$ は，B を適当な $p \times q$ 行列として

$$\mathcal{A} = \begin{pmatrix} O_p & B \\ B^\top & O_q \end{pmatrix}$$

の形をしている．すると

$$\det(tI_{p+q} - \mathcal{A}) = t^{p-q} \det(t^2 I_q - B^\top B)$$

となることが分かるので，$\mathcal{A}$ の固有値は 0 に関して対称であることが分かる．

(b) ⇒ (c): G は d-正則なので $d \in \mathrm{Spec}(G)$ であるから，$\mathrm{Spec}(G)$ が 0 に関して対称であることから $-d \in \mathrm{Spec}(G)$ である．

(c) ⇒ (a): 簡単のために G は連結と仮定する．$-d$ に対する $\mathcal{A}$ の固有ベクトルを

$$\boldsymbol{x} = \begin{pmatrix} x_1 \\ \vdots \\ x_{p+q} \end{pmatrix}$$

とする．方針だけを述べると，

$$V_1 = \{v_i \in V \mid x_i > 0\},$$
$$V_2 = \{v_i \in V \mid x_i < 0\}$$

とおいて，(V_1, V_2) が V の 2 部分割を与えることを証明する（固有値 d の重複度が 1 である証明とよく似た議論をすることになる）．□

特に次のことが分かる.

命題 13.10 G が d-正則な 2 部グラフで $|G| \geq 3$ ならば, $\lambda(G) = \lambda_2(G)$ である.

[証明] $n = |G|$ として, G の固有値は大きい順に

$$d = \lambda_1(G) > \lambda_2(G) \geq \cdots \geq \lambda_{n-1}(G) > \lambda_n(G) = -d$$

と並んでいて, これらは 0 に関して対称, つまり $\lambda_{n-k+1}(G) = -\lambda_k(G)$ である. 特に, これらのうちの「左側半分」はすべて 0 以上なので $\lambda_2(G) \geq 0$ である. $\lambda(G)$ は $|\lambda_2(G)|, \ldots, |\lambda_{n-1}(G)|$ のうちで最大のものなので $|\lambda_2(G)| = \lambda_2(G)$ に等しい. □

G が 2 部グラフではない正則グラフのときには

$$\lambda(X) = \max\{|\lambda_2(G)|, |\lambda_n(G)|\}$$

ということになる. 一般には第 2 固有値 $\lambda_2(G)$ が非負とは限らないことは, 完全グラフ $\mathcal{K}_n$ の例で見たとおりである.

練習問題 13.5 B を $p \times q$ 行列 $(p \geq q)$ とする.

$$\begin{pmatrix} tI_p & -B \\ -B^\top & tI_q \end{pmatrix} \begin{pmatrix} I_p & \frac{1}{t}B \\ O_{q,p} & I_q \end{pmatrix}$$

の行列式は $t^{p-q} \det(t^2 I_q - B^\top B)$ となることを確かめよ.

定理 13.11 グラフ G_1, G_2 $(G_1 \cap G_2 = \varnothing)$ に対して

$$\mathrm{Spec}(G_1 \Box G_2) = \{\lambda_1 + \lambda_2 \mid \lambda_1 \in \mathrm{Spec}(G_1),\ \lambda_2 \in \mathrm{Spec}(G_2)\}$$

が成り立つ.

[証明] G_1, G_2 の隣接行列をそれぞれ $\mathcal{A}_1, \mathcal{A}_2$ とすると, $G_1 \Box G_2$ の隣接行列 $\mathcal{A}$ は $\mathcal{A} = \mathcal{A}_1 \otimes I_{n_2} + I_{n_1} \otimes \mathcal{A}_2$ であった ($n_1 = |G_1|, n_2 = |G_2|$ とおいた). $\mathcal{A}_1 \boldsymbol{x}_1 = \lambda_1 \boldsymbol{x}_1$, $\mathcal{A}_2 \boldsymbol{x}_2 = \lambda_2 \boldsymbol{x}_2$ とすると

$$\mathcal{A}(\boldsymbol{x}_1 \otimes \boldsymbol{x}_2) = (\mathcal{A}_1 \otimes I_{n_2} + I_{n_1} \otimes \mathcal{A}_2)(\boldsymbol{x}_1 \otimes \boldsymbol{x}_2)$$

$$
\begin{aligned}
&= (\mathcal{A}_1 \boldsymbol{x}_1) \otimes \boldsymbol{x}_2 + \boldsymbol{x}_1 \otimes (\mathcal{A}_2 \boldsymbol{x}_2) \\
&= (\lambda_1 \boldsymbol{x}_1) \otimes \boldsymbol{x}_2 + \boldsymbol{x}_1 \otimes (\lambda_2 \boldsymbol{x}_2) \\
&= (\lambda_1 + \lambda_2)(\boldsymbol{x}_1 \otimes \boldsymbol{x}_2)
\end{aligned}
$$

なので $\boldsymbol{x}_1 \otimes \boldsymbol{x}_2$ は固有値 $\lambda_1 + \lambda_2$ に対する $\mathcal{A}$ の固有ベクトルとなる. □

13.3 グラフ上のランダムウォークの極限分布

ここでは，グラフの第2固有値に着目することの自然さを感じてもらうために

> （2部グラフではない）正則グラフの上のランダムウォークは，第2固有値が小さいほど急速に一様分布に収束する

という事実を紹介する．ちょっとややこしいが，線形代数によって話が運ばれている様子をざっとでも眺めて感じ取って欲しい．

記号の設定

G は d-正則連結グラフであるとする．G は2部グラフではないと仮定する（すると $-d$ を固有値に持たない）．繰返しになるが，隣接行列 $\mathcal{A}$ の固有値に

$$
\det(tI_n - \mathcal{A}) = (t - \lambda_1)(t - \lambda_2) \cdots (t - \lambda_n), \quad \lambda_1 \geq \lambda_2 \geq \cdots \geq \lambda_n
$$

によって名前を付けておく．$\lambda_1 = d$ であり，$|\lambda_j| < d$ $(j = 2, 3, \ldots, n)$ である．よって

$$
\lambda(G) = \max\{|\lambda_2|, |\lambda_n|\}
$$

となる．

$\mathcal{A}$ は対称行列なので，$\mathcal{A}$ の固有ベクトルは互いに直交するように選ぶことができる．そこで，$j = 1, 2, \ldots, n$ に対して $\boldsymbol{p}_j$ を λ_j に対する $\mathcal{A}$ の長さ1の固有ベクトルであって，$i \neq j$ ならば $\boldsymbol{p}_i \perp \boldsymbol{p}_j$ であるようなものとする．つまり

$$
\mathcal{A}\boldsymbol{p}_j = \lambda_j \boldsymbol{p}_j \quad (j = 1, 2, \ldots, n),
$$

$$
\boldsymbol{p}_i^{\top} \boldsymbol{p}_j = \begin{cases} 1 & i = j, \\ 0 & i \neq j \end{cases}
$$

である．$P_j = \boldsymbol{p}_j \boldsymbol{p}_j^\top$ $(j = 1, 2, \ldots, n)$ とおくと

$$P_1 + \cdots + P_n = I_n,$$
$$P_i^2 = P_i \quad (i = 1, \ldots, n), \quad P_i P_j = O \quad (i \neq j)$$

であり，

$$\mathcal{A} = \lambda_1 P_1 + \lambda_2 P_2 + \cdots + \lambda_n P_n$$

が $\mathcal{A}$ のスペクトル分解である．

$$\boldsymbol{u} = \begin{pmatrix} 1 \\ 1 \\ \vdots \\ 1 \end{pmatrix} = \boldsymbol{e}_1 + \boldsymbol{e}_2 + \cdots + \boldsymbol{e}_n$$

とおけば

$$\boldsymbol{p}_1 = \frac{1}{\sqrt{n}} \boldsymbol{u}$$

である．

練習問題 13.6 任意の $i, j = 1, \ldots, n$ に対して

$$\boldsymbol{p}_1^\top \boldsymbol{e}_j = \frac{1}{\sqrt{n}}, \quad \boldsymbol{e}_i^\top P_1 \boldsymbol{e}_j = \frac{1}{n}$$

であることを示せ．

● ランダムウォークの到達確率

v_i を始点，v_j を終点とする長さ k の歩道の個数は

$$\mathcal{A}^k \text{ の } (i, j) \text{ 成分} = \boldsymbol{e}_i^\top \mathcal{A}^k \boldsymbol{e}_j$$

なので，v_i を始点とする長さ k の歩道の総数は

$$\sum_{j=1}^{n} \boldsymbol{e}_i^\top \mathcal{A}^k \boldsymbol{e}_j = \boldsymbol{e}_i^\top \mathcal{A}^k \boldsymbol{u}$$

である．よって，v_i から出発してグラフ上をランダムに k 歩移動した結果 v_j に到達する確率 $p_{ij}^{(k)}$ は

$$p_{ij}^{(k)} = \frac{\boldsymbol{e}_i^\top \mathcal{A}^k \boldsymbol{e}_j}{\boldsymbol{e}_i^\top \mathcal{A}^k \boldsymbol{u}} \tag{13.1}$$

によって与えられる．$\boldsymbol{u}$ は固有値 $\lambda_1 = d$ に対する $\mathcal{A}$ の固有ベクトルなので，(13.1) の分母は

$$\boldsymbol{e}_i^\top \mathcal{A}^k \boldsymbol{u} = d^k \boldsymbol{e}_i^\top \boldsymbol{u} = d^k$$

である．また $\mathcal{A}$ のスペクトル分解より

$$\mathcal{A}^k = \lambda_1^k P_1 + \lambda_2^k P_2 + \cdots + \lambda_n^k P_n$$

なので，(13.1) の分子は

$$\begin{aligned} \boldsymbol{e}_i^\top \mathcal{A}^k \boldsymbol{e}_j &= \sum_{s=1}^{n} \lambda_s^k \boldsymbol{e}_i^\top P_s \boldsymbol{e}_j \\ &= \frac{d^k}{n} + \sum_{s=2}^{n} \lambda_s^k \boldsymbol{e}_i^\top P_s \boldsymbol{e}_j \end{aligned}$$

となる（練習問題 13.6 の内容を使った）．よって

$$p_{ij}^{(k)} = \frac{1}{n} + \sum_{s=2}^{n} \frac{\lambda_s^k}{d^k} \boldsymbol{e}_i^\top P_s \boldsymbol{e}_j$$

である．この式の右辺の第 2 項の大きさは

$$\left| \sum_{s=2}^{n} \frac{\lambda_s^k}{d^k} \boldsymbol{e}_i^\top P_s \boldsymbol{e}_j \right| \leq \sum_{s=2}^{n} \left| \frac{\lambda_s}{d} \right|^k \left| \boldsymbol{e}_i^\top \boldsymbol{p}_s \right| \left| \boldsymbol{p}_s^\top \boldsymbol{e}_j \right| \leq n \left| \frac{\lambda(G)}{d} \right|^k$$

と評価できる（三角不等式とコーシー-シュヴァルツの不等式を用いた）．まとめると

$$\left| p_{ij}^{(k)} - \frac{1}{n} \right| \leq n \left| \frac{\lambda(G)}{d} \right|^k \tag{13.2}$$

である．特に

$$\lim_{k \to \infty} p_{ij}^{(k)} = \frac{1}{n} \tag{13.3}$$

が成り立つ．

これが意味することは，

> k が十分大きいとき，どの頂点 v_i から出発しても，グラフ上をランダムに k 歩だけ移動した後の到着点は，すべての頂点がほぼ同様に確からしい

ということである．さらに，$\lambda(G)$ が小さいほど（つまりスペクトルギャップが大きいほど）(13.3) の収束は速いことも (13.2) から見て取れるだろう．これがスペクトルギャップが大切な量だと考える理由の 1 つである．応用として，この性質を利用して，スペクトルギャップの大きい正則グラフから「ハッシュ関数」を作ることが考えられる．

練習問題 13.7 （三角不等式） 実数 a, b に対して

$$|a+b| \leq |a| + |b|$$

が成り立つことを証明せよ．

13.4 ラマヌジャングラフ

連結な d-正則グラフ G において

$$\lambda(G) \leq 2\sqrt{d-1}$$

が成り立つとき，G は**ラマヌジャングラフ** (Ramanujan graph) であるという．

注意 ラマヌジャングラフという名前は，インドの数学者ラマヌジャン (Srinivasa Aiyangar Ramanujan) にちなむ．

注意 G が d-正則 2 部グラフのときは $\lambda(G) = \lambda_2(G)$ なので，G がラマヌジャングラフであるとは

$$\lambda_2(G) \leq 2\sqrt{d-1}$$

が成り立つこととなる．「固有値の絶対値の最大値」である $\lambda(G)$ よりも，単独の固有値 $\lambda_2(G)$ のほうが当然簡単なので，これはラマヌジャングラフの探索は 2 部グラフの範囲で行う方がやりやすいことを暗示している．

例 13.12 $n \geq 3$ とする．$\mathcal{K}_n$ は $(n-1)$-正則であり，また $\lambda(\mathcal{K}_n) = 1$ だったので，$\mathcal{K}_n$ はラマヌジャングラフである． □

例 13.13 $n \geq 3$ とする．$\mathcal{C}_n$ は 3-正則であり，すべての固有値は絶対値が 2 以下なので，ラマヌジャングラフである． □

このようなグラフに着目する理由は，次の定理にある．

定理 13.14 **（ニリ (Nilli) の定理）** G を連結な d-正則グラフとする．$\mathrm{diam}(G) \geq 2m+2 \geq 4$ と仮定する．このとき

$$\lambda_2(G) > 2\sqrt{d-1} - \frac{2\sqrt{d-1}-1}{m}$$

が成り立つ．

なお，次の事実があるので，連結グラフ G においては位数 $|G|$ が大きければ直径 $\mathrm{diam}(G)$ もそれなりに大きくなる．

命題 13.15 $d \geq 3$ とする．d のみに依存する定数 C が存在して，任意の連結な k-正則グラフ G に対して

$$\mathrm{diam}(G) \geq \frac{\log|G|}{\log(d-1)} + C$$

が成り立つ．

ニリの定理は，位数 $|G|$ が大きいとき，$\lambda_2(G)$ の取りうる値の下限は $2\sqrt{d-1}$ よりちょっと小さいぐらいである，ということを述べている．$\lambda(G) \geq \lambda_2(G)$ なので，ラマヌジャングラフの定義である $\lambda(G) \leq 2\sqrt{d-1}$ という条件は，$\lambda(G)$ の値が「取りうる値のほぼ下限」であることを意味する．$\lambda(G)$ の値が小さいほど G のスペクトルギャップは大きくなるので，（アロン-ミルマンの定理（定理 13.4）により）ラマヌジャングラフは拡大係数が限界近くまで大きいグラフであるということになる．つまり応用的な観点からも重要なグラフであるといえる．

そうすると，ラマヌジャングラフを何らかの方法で「量産」できるとありがたい．つまり，次数 d と位数 n を決めたとき，$|G| = n$ の d-正則ラマヌジャングラフを具体的に構成する方法があると嬉しい．そのようなことができるとすると，エクスパンダー族がラマヌジャングラフを用いて構成されることになるからである．ラマヌジャングラフの具体的な構成の基礎となるのが，次章で簡単に紹介するケイリーグラフである．

第 13 章　章末問題

問題 13.1　道グラフ $\mathcal{P}_1, \mathcal{P}_2, \mathcal{P}_3, \mathcal{P}_4$ のスペクトルをそれぞれ求めよ．

問題 13.2　k を自然数とし，$z_1, \ldots, z_k, z$ を複素数とする．$z_1 + \cdots + z_k = kz$ かつ $|z_1| = \cdots = |z_k| = |z|$ ならば $z_1 = \cdots = z_k = z$ であることを示せ．

問題 13.3　m, n $(m \leq n)$ を 3 以上の自然数とする．4-正則グラフ $\mathcal{C}_m \square \mathcal{C}_n$ がラマヌジャングラフとなるのはいつか？

第14章 ケイリーグラフ

まず，いくつかの位数 12 のグラフの絵を以下に掲げよう．

これらのグラフはいずれも「規則正しく」辺が結ばれているが，ケイリーグラフと呼ばれる，群から作られるグラフの例になっている．この章ではケイリーグラフについて，最も単純な場合である有限巡回群の場合に特に焦点を合わせて説明する．

14.1 ケイリーグラフ

この節では群に関する知識を仮定して，ひとまずケイリーグラフの一般的な定義を紹介する．なお次節以降では，具体的な簡単な群の場合だけを扱うので，群についての予備知識がなくても読めるだろう．

$\boldsymbol{G}$ を群とする．$S \subset \boldsymbol{G}$ が**対称生成集合** (symmetric generating set) であるとは，条件

(1) $e \notin S$（e は $\boldsymbol{G}$ の単位元を表すとする）
(2) $s \in S$ ならば $s^{-1} \in S$（s^{-1} は s の逆元を表す）
(3) S は $\boldsymbol{G}$ を生成する

を満たすこととする．このとき，$\boldsymbol{G}$ を頂点集合とし，

$$\{\{g, gs\} \mid g \in \boldsymbol{G}, s \in S\}$$

を辺集合とするグラフを $\mathrm{Cay}(\boldsymbol{G}, S)$ で表し，$\boldsymbol{G}$ と S が定める**ケイリーグラフ** (Cayley graph) と呼ぶ．言い換えれば，$\mathrm{Cay}(\boldsymbol{G}, S)$ は $\boldsymbol{G}$ を頂点集合とし，2

頂点 $x, y \in \boldsymbol{G}$ に対して $y = xs$ となる $s \in S$ が存在するときに x と y を辺で結ぶことによって得られるグラフである．$\mathrm{Cay}(\boldsymbol{G}, S)$ は次数が $|S|$ の連結な正則グラフである．

注意 (1) は $\mathrm{Cay}(\boldsymbol{G}, S)$ がループを含まないようにするための条件，(2) は $\mathrm{Cay}(\boldsymbol{G}, S)$ が無向グラフとなるための条件，(3) は $\mathrm{Cay}(\boldsymbol{G}, S)$ が連結グラフとなるための条件である．

例 14.1 無限群が定めるケイリーグラフの例を挙げる．

(1) 加法群 $\mathbb{Z}$ と，その対称生成集合

$$S = \{1, -1\}$$

が定めるケイリーグラフ $\mathrm{Cay}(\mathbb{Z}, S)$．

(2) 加法群 $\mathbb{Z}^2$ と，その対称生成集合

$$S = \{(1,0), (-1,0), (0,1), (0,-1)\}$$

が定めるケイリーグラフ $\mathrm{Cay}(\mathbb{Z}^2, S)$．□

14.2 有限巡回群

簡単な群の例として有限巡回群を取り上げ，その実現を 3 通り述べる．

● 剰余の世界

自然数 n を 1 つ選ぶ．整数の世界 $\mathbb{Z}$ において，n で割ったときの余りが等しい 2 つの整数は「同じもの」だと考えることにした世界を $\mathbb{Z}/n\mathbb{Z}$ で，あるいはより簡単に $\mathbb{Z}_n$ で表す．言い換えると，整数 x, y に対して $x - y$ が n の倍数のとき "$x = y$" と考えてしまう世界が $\mathbb{Z}_n$ である．$\mathbb{Z}_n$ は整数を n で割った余りだけに着目した世界ともいえるので，

$$\mathbb{Z}_n = \mathbb{Z}/n\mathbb{Z} = \{0, 1, 2, \ldots, n-1\}$$

という集合なのだと思っても良い．$\mathbb{Z}_n$ の 2 つの元 x, y に対して，和 $x + y$ や積 xy を考えることができる．ただし $\mathbb{Z}_n$ では n で割った余りだけに着目しているので，計算結果は「n で割った余り」を取ることになる．

例 14.2　1 番簡単な $\mathbb{Z}_2$ の場合,

$$\cdots = -4 = -2 = 0 = 2 = 4 = \cdots,$$

$$\cdots = -3 = -1 = 1 = 3 = \cdots$$

が成り立つ (つまりすべての偶数は 0 に等しく, すべての奇数は 1 に等しい).
よって $\mathbb{Z}_2 = \{0, 1\}$ と考えて良い. $\mathbb{Z}_2$ におけるすべての和を列挙すると

$$0 + 0 = 0, \qquad 0 + 1 = 1,$$

$$1 + 0 = 1, \qquad 1 + 1 = 0$$

となる. これらは

$$\text{偶数} + \text{偶数} = \text{偶数}, \quad \text{偶数} + \text{奇数} = \text{奇数},$$

$$\text{奇数} + \text{偶数} = \text{奇数}, \quad \text{奇数} + \text{奇数} = \text{偶数}$$

といった象徴的な式を記号的に表しているといえる. □

練習問題 14.1　$\mathbb{Z}_2$ における積をすべて列挙せよ.

注意　$\mathbb{Z}_n$ において $a + b = c$ が成り立つということは, 普通の整数の世界において

$$(n \text{ で割ると } a \text{ 余る数}) + (n \text{ で割ると } b \text{ 余る数}) = (n \text{ で割ると } c \text{ 余る数})$$

あるいは

$$a + b - c \text{ が } n \text{ の倍数}$$

が成り立つことに対応する. 積の場合も同様である.

例 14.3　$\mathbb{Z}_{12}$ において $8 + 7 = 3$, $5 \cdot 7 = 11$ である. 普通の整数の計算としては $8 + 7 = 15$, $5 \cdot 7 = 35$ だが, 12 で割った余りが等しい数は「同じもの」と考えるので, $\mathbb{Z}_{12}$ においては $15 = 3$, $35 = 11$ なのである. また $5 + 7 = 0$ なので $7 = -5$, $5 = -7$ である. □

練習問題 14.2　$\mathbb{Z}_7$ において, 以下の問に答えよ.

(1) $3 + 6$, $3 \cdot 6$, -3, -6 を計算せよ.

(2) 2 のべき乗 $2^1, 2^2, 2^3, \ldots$ を計算せよ.

練習問題 14.3　$\mathbb{Z}_{12}$ において, 以下の問に答えよ.

(1) $6 + 8$, $6 \cdot 8$ を計算せよ.

(2) 5 のべき乗 $5^1, 5^2, 5^3, \ldots$ を計算せよ.

1の冪根の世界

nを自然数とする．n次方程式

$$z^n = 1$$

の複素数解がなす集合を$\mathbb{U}_n$とおく．つまり

$$\mathbb{U}_n = \{z \in \mathbb{C} \mid z^n = 1\}$$

である．

例 14.4 nが小さいところで$\mathbb{U}_n$を具体的に求めてみると

$$\begin{aligned}
\mathbb{U}_1 &= \left\{z \in \mathbb{C} \,\middle|\, z^1 = 1\right\} = \{1\},\\
\mathbb{U}_2 &= \left\{z \in \mathbb{C} \,\middle|\, z^2 = 1\right\} = \{1, -1\},\\
\mathbb{U}_3 &= \left\{z \in \mathbb{C} \,\middle|\, z^3 = 1\right\} = \left\{1, \frac{-1+\sqrt{3}\,i}{2}, \frac{-1-\sqrt{3}\,i}{2}\right\},\\
\mathbb{U}_4 &= \left\{z \in \mathbb{C} \,\middle|\, z^4 = 1\right\} = \{1, i, -1, -i\}
\end{aligned}$$

などとなる．ただしiは虚数単位，つまり

$$i^2 = -1$$

を満たす数である． □

練習問題 14.4 上の例を確かめよ．つまり$n = 1, 2, 3, 4$に対して方程式

$$z^n = 1$$

を解け．

$\mathbb{U}_n$は積について閉じている．つまり

$$v, w \in \mathbb{U}_n \implies vw \in \mathbb{U}_n$$

が成り立つ．

練習問題 14.5 上の事実を確かめよ．

記号として

$$e(\theta) = \cos\theta + i\sin\theta$$

とおく．

例 14.5

$$e(0) = \cos 0 + i\sin 0 = 1,$$
$$e(\pi) = \cos\pi + i\sin\pi = -1,$$
$$e\left(\frac{\pi}{2}\right) = \cos\frac{\pi}{2} + i\sin\frac{\pi}{2} = i,$$
$$e\left(-\frac{\pi}{2}\right) = \cos\left(-\frac{\pi}{2}\right) + i\sin\left(-\frac{\pi}{2}\right) = -i$$

である． □

練習問題 14.6 次の値を求めよ．

(1) $e\left(\dfrac{\pi}{3}\right)$ (2) $e\left(\dfrac{\pi}{4}\right)$ (3) $e\left(\dfrac{\pi}{6}\right)$

指数関数が満たす指数法則によく似た関係式

$$e(\alpha)e(\beta) = e(\alpha+\beta) \tag{14.1}$$

が成り立つ．これは三角関数の加法定理と同等なものである．証明してみよう．

[(14.1) の証明] 記号の定義より

$$e(\alpha+\beta) = \cos(\alpha+\beta) + i\sin(\alpha+\beta)$$

である．一方で

$$\begin{aligned} e(\alpha)e(\beta) &= (\cos\alpha + i\sin\alpha)(\cos\beta + i\sin\beta) \\ &= \cos\alpha\cdot\cos\beta + \cos\alpha\cdot i\sin\beta + i\sin\alpha\cdot\cos\beta + i\sin\alpha\cdot i\sin\beta \\ &= (\cos\alpha\cos\beta - \sin\alpha\sin\beta) + i(\sin\alpha\cos\beta + \cos\alpha\sin\beta) \end{aligned}$$

である．よって cos と sin の加法定理によって

$$e(\alpha+\beta) = e(\alpha)e(\beta)$$

が分かる． □

注意 複素数の範囲まで指数関数を拡張して考えると

$$e^{i\theta} = \cos\theta + i\sin\theta$$

が成り立つことが知られている（オイラーの公式）．ただし e はネイピア数，つまり自然対数の底である．つまり $e(\theta) = e^{i\theta}$ である．上で「指数法則によく似た関係式」と書いたものは，実は「指数法則そのもの」である．

(14.1) を使えば，ド・モアブルの定理

$$(\cos\theta + i\sin\theta)^m = \cos m\theta + i\sin m\theta \qquad (m \in \mathbb{Z})$$

すなわち

$$e(\theta)^m = e(m\theta) \qquad (m \in \mathbb{Z})$$

が導かれる．

これを利用して U_n がどのような集合であるかを求めよう．$\zeta_n = e(\frac{2\pi}{n})$ とおけば

$$\zeta_n^n = e\left(\frac{2\pi}{n}\right)^n = e(2\pi) = \cos(2\pi) + i\sin(2\pi) = 1$$

であるから，任意の $k \in \mathbb{Z}$ に対して

$$(\zeta_n^k)^n = \zeta_n^{nk} = (\zeta_n^n)^k = 1^k = 1$$

である，つまり ζ_n^k は $z^n = 1$ の解である．$k, l \in \mathbb{Z}$ に対して

$$\begin{aligned}\zeta_n^k = \zeta_n^l &\iff \zeta_n^{k-l} = 1\\ &\iff \cos\frac{2\pi(k-l)}{n} + i\sin\frac{2\pi(k-l)}{n} = 1\\ &\iff \frac{k-l}{n} \text{ が整数（つまり } k-l \text{ が } n \text{ の倍数）}\end{aligned}$$

なので，n 個の複素数

$$\zeta_n^0(=1),\ \zeta_n^1,\ \zeta_n^2,\ \ldots,\ \zeta_n^{n-1}$$

は相異なり，しかもすべて n 次方程式 $z^n = 1$ の解である．よって

$$\mathrm{U}_n = \left\{\zeta_n^k \,\middle|\, k = 0, 1, \ldots, n-1\right\}$$

が得られた．

注意　複素数の範囲で考えると，z の n 次式は，必ず n 個の z の 1 次式の積に因数分解される（**代数学の基本定理**）．よって n 次方程式の相異なる解の個数は n 個以下である．

練習問題 14.7

$$\mathrm{U}_n = \left\{ \zeta_n^k \,\middle|\, k \in \mathbb{Z} \right\}$$

である．なぜか？

行列の世界

n 次単位行列 I_n の列を「巡回的に」並べ直してできる n 次行列を集めてできる集合を C_n で表すことにしよう．

例 14.6　4 次の単位行列

$$I_4 = \begin{pmatrix} 1 & 0 & 0 & 0 \\ 0 & 1 & 0 & 0 \\ 0 & 0 & 1 & 0 \\ 0 & 0 & 0 & 1 \end{pmatrix}$$

の列を「巡回的に」並べ直すことで

$$\begin{pmatrix} 0 & 0 & 0 & 1 \\ 1 & 0 & 0 & 0 \\ 0 & 1 & 0 & 0 \\ 0 & 0 & 1 & 0 \end{pmatrix}, \quad \begin{pmatrix} 0 & 0 & 1 & 0 \\ 0 & 0 & 0 & 1 \\ 1 & 0 & 0 & 0 \\ 0 & 1 & 0 & 0 \end{pmatrix}, \quad \begin{pmatrix} 0 & 1 & 0 & 0 \\ 0 & 0 & 1 & 0 \\ 0 & 0 & 0 & 1 \\ 1 & 0 & 0 & 0 \end{pmatrix}$$

という行列ができる．

$$\boldsymbol{e}_1 = \begin{pmatrix} 1 \\ 0 \\ 0 \\ 0 \end{pmatrix}, \quad \boldsymbol{e}_2 = \begin{pmatrix} 0 \\ 1 \\ 0 \\ 0 \end{pmatrix}, \quad \boldsymbol{e}_3 = \begin{pmatrix} 0 \\ 0 \\ 1 \\ 0 \end{pmatrix}, \quad \boldsymbol{e}_4 = \begin{pmatrix} 0 \\ 0 \\ 0 \\ 1 \end{pmatrix}$$

とおけば

$$I_4 = (\boldsymbol{e}_1 \ \boldsymbol{e}_2 \ \boldsymbol{e}_3 \ \boldsymbol{e}_4)$$

と記号的に書けるが，これの列を「巡回的に」並べ直したものは

$$(\boldsymbol{e}_2 \ \boldsymbol{e}_3 \ \boldsymbol{e}_4 \ \boldsymbol{e}_1), \quad (\boldsymbol{e}_3 \ \boldsymbol{e}_4 \ \boldsymbol{e}_1 \ \boldsymbol{e}_2), \quad (\boldsymbol{e}_4 \ \boldsymbol{e}_1 \ \boldsymbol{e}_2 \ \boldsymbol{e}_3)$$

となっている．

$$C_4 = (\boldsymbol{e}_2\ \boldsymbol{e}_3\ \boldsymbol{e}_4\ \boldsymbol{e}_1) = \begin{pmatrix} 0 & 0 & 0 & 1 \\ 1 & 0 & 0 & 0 \\ 0 & 1 & 0 & 0 \\ 0 & 0 & 1 & 0 \end{pmatrix}$$

とおくと,

$$C_4^2 = (\boldsymbol{e}_3\ \boldsymbol{e}_4\ \boldsymbol{e}_1\ \boldsymbol{e}_2), \quad C_4^3 = (\boldsymbol{e}_4\ \boldsymbol{e}_1\ \boldsymbol{e}_2\ \boldsymbol{e}_3), \quad C_4^4 = I_4$$

が成り立つ．よって

$$\mathrm{C}_4 = \{I_4, C_4, C_4^2, C_4^3\}$$

となる． □

n 次行列の場合は，n 次単位行列 I_n の第 j 列を $\boldsymbol{e}_j$ で表して

$$C_n = (\boldsymbol{e}_n\ \boldsymbol{e}_1\ \boldsymbol{e}_2\ \cdots\ \boldsymbol{e}_{n-1})$$

とおけば

$$\mathrm{C}_n = \left\{C_n^k \,\middle|\, k = 0, 1, 2, \ldots, n-1\right\}$$

となる．なお，$C_n^n = I_n$ なので

$$\mathrm{C}_n = \left\{C_n^k \,\middle|\, k \in \mathbb{Z}\right\}$$

と書いても同じことである．

C_n は対角化可能であり，C_n の固有値は

$$\mathrm{Spec}(C_n) = \left\{\zeta_n^k \,\middle|\, k = 0, 1, \ldots, n-1\right\}$$

となる．実際，C_n は

$$P_n = \frac{1}{\sqrt{n}}\left(\zeta_n^{(p-1)(q-1)}\right)_{1 \le p,q \le n} = \frac{1}{\sqrt{n}}\begin{pmatrix} 1 & 1 & 1 & \cdots & 1 \\ 1 & \zeta_n & \zeta_n^2 & \cdots & \zeta_n^{n-1} \\ 1 & \zeta_n^2 & \zeta_n^4 & \cdots & \zeta_n^{2(n-1)} \\ \vdots & \vdots & \vdots & \ddots & \vdots \\ 1 & \zeta_n^{n-1} & \zeta_n^{2(n-1)} & \cdots & \zeta_n^{(n-1)^2} \end{pmatrix}$$

によって

$$P_n^{-1} C_n P_n = \mathrm{diag}(1, \zeta_n, \zeta_n^2, \ldots, \zeta_n^{n-1})$$

と対角化される（P_n はユニタリ行列である，つまり $P_n^{-1} = \overline{P_n^\top}$ である）．一般に

$$P_n^{-1} C_n^s P_n = (P_n^{-1} C_n P_n)^s = \mathrm{diag}(1, \zeta_n^s, \zeta_n^{2s}, \ldots, \zeta_n^{(n-1)s}) \qquad (s \in \mathbb{Z})$$

である．よって $s \in \mathbb{Z}$ に対して

$$\mathrm{Spec}(C_n^s) = \left\{ \zeta_n^{ks} \,\middle|\, k = 0, 1, \ldots, n-1 \right\}$$

である．

練習問題 14.8 （$n = 4$ のとき）

$$C_4 = \begin{pmatrix} 0 & 1 & 0 & 0 \\ 0 & 0 & 1 & 0 \\ 0 & 0 & 0 & 1 \\ 1 & 0 & 0 & 0 \end{pmatrix}, \quad P_4 = \frac{1}{2} \begin{pmatrix} 1 & 1 & 1 & 1 \\ 1 & i & -1 & -i \\ 1 & -1 & 1 & -1 \\ 1 & -i & -1 & i \end{pmatrix}$$

とする．

(1) $P_4^{-1} = \frac{1}{2} \begin{pmatrix} 1 & 1 & 1 & 1 \\ 1 & -i & -1 & i \\ 1 & -1 & 1 & -1 \\ 1 & i & -1 & -i \end{pmatrix}$ であることを確かめよ．

(2) $P_4^{-1} C_4 P_4$ を計算せよ．

3つの世界の関係

$\mathbb{Z}_n$, U_n, C_n は同じ構造を持っている．

	$\mathbb{Z}_n$	U_n	C_n
元	整数を n で割った余り	複素数	行列
演算	和	複素数の積	行列の積
単位元	0	1	I_n
逆元	(-1) 倍したもの	逆数	逆行列

$a \in \mathbb{Z}_n$ と $\zeta_n^a \in \mathsf{U}_n$, $C_n^a \in \mathsf{C}_n$ が対応する．$\mathbb{Z}_n$ において和 $a + b = c$ を計

算することは，$\mathbb{U}_n$ における積 $\zeta_n^a \zeta_n^b = \zeta_n^c$ や C_n における積 $C_n^a C_n^b = C_n^c$ の計算と対応する．$\mathbb{Z}_n$ における 0 は，どんな数に足しても相手を変化させない，つまり $a+0=a$ という性質を持つが，これに対応するのが $\mathbb{U}_n$ における 1（1 倍しても変化しない）や C_n における I_n（I_n をかけても変化しない）である．$\mathbb{Z}_n$ において a の -1 倍 $-a$ を考えることは，$\mathbb{U}_n$ において ζ_n^a の逆数 ζ_n^{-a} を考えることや C_n において C_n^a の逆行列 C_n^{-a} を考えることに対応する．

注意　上で述べたことを言い換えると，写像

$$f_1 \colon \mathbb{Z}_n \to \mathbb{U}_n, \quad f_2 \colon \mathbb{Z}_n \to \mathrm{C}_n$$

をそれぞれ

$$f_1(a) = \zeta_n^a, \quad f_2(a) = C_n^a \quad (a \in \mathbb{Z}_n)$$

で定めると f_1, f_2 は共に全単射で，しかも

$$f_1(a+b) = f_1(a)f_1(b), \quad f_2(a+b) = f_2(a)f_2(b) \quad (a, b \in \mathbb{Z}_n)$$

が成り立っている，ということである．

14.3 有限巡回群のケイリーグラフ

$\mathbb{Z}_n$ における対称生成集合とは，

(1) $0 \notin S$
(2) $s \in S$ ならば $-s \in S$
(3) $\mathbb{Z}_n$ の元は S の元のいくつかの和として表せる

という条件を満たす $\mathbb{Z}_n$ の部分集合のことである．

例 14.7　たとえば $\mathbb{Z}_{12}$ において $S = \{2, 5, 7, 10\}$ は対称生成集合となる．まず条件 (1) を満たすことは明らかである．次に $7 = -5$, $10 = -2$ なので (2) を満たすことも良いだろう．最後に (3) を満たすかどうかだが，

$$1 = 5 + 10 + 10$$

なので（この直後の注意により）OK である．□

注意　$S \subset \mathbb{Z}_n$ が条件 (3) を満たすためには，1 が S の元のいくつかの和として表せれば良い．なぜなら，たとえば

$$1 = s_1 + \cdots + s_k \quad (s_1, \ldots, s_k \in S)$$

と表されたとすると，一般に $a \in \mathbb{Z}_n$ も

$$a = \overbrace{1 + \cdots + 1}^{a} = \overbrace{s_1 + \cdots + s_1}^{a} + \cdots + \overbrace{s_k + \cdots + s_k}^{a}$$

と S の元のいくつかの和として表せるからである．

$S \subset \mathbb{Z}_n$ を対称生成集合とし，$G = \mathrm{Cay}(\mathbb{Z}_n, S)$, $d = |S|$ とおく．G は，各 $v \in \mathbb{Z}_n$ から $v + s$ $(s \in S)$ たちへと辺を伸ばしてできるグラフであり，連結な d-正則グラフとなる．絵としては，n 個の頂点を円周上に並べて，各頂点 v に対して，$s \in S$ ごとに「v から s だけ隣の点と v を辺で結ぶ」ことで得られる．

例 14.8　$S = \{1, 3, -1, -3\}$ $(= \{1, 3, 9, 11\}) \subset \mathbb{Z}_{12}$ の場合は下図のようになる．

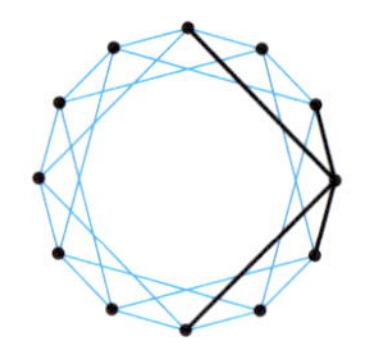

これは章の冒頭で掲げた 5 つのグラフのうちの 3 つ目のものである．　□

練習問題 14.9　章の冒頭で掲げたグラフの残り 4 つはどのような対称生成集合 $S \subset \mathbb{Z}_{12}$ に対するケイリーグラフ $\mathrm{Cay}(\mathbb{Z}_{12}, S)$ になっているか？

練習問題 14.10　次のケイリーグラフを図示せよ．

(1) $\mathrm{Cay}(\mathbb{Z}_6, \{1, 3, -1\})$

(2) $\mathrm{Cay}(\mathbb{Z}_8, \{1, 2, -1, -2\})$

(3) $\mathrm{Cay}(\mathbb{Z}_{10}, \{1, 3, 5, 7, 9\})$

C_n^s の (i,j) 成分は，$\mathbb{Z}_n$ において $j=i+s$ が成り立つときに 1 で，それ以外のとき 0 である．このこととケイリーグラフの定義から，G の隣接行列は

$$\mathcal{A}=\sum_{s\in S}C_n^s$$

と表せる．$\mathcal{A}$ は

$$P_n^{-1}\mathcal{A}P_n=\sum_{s\in S}P_n^{-1}C_n^sP_n=\sum_{s\in S}\mathrm{diag}(1,\zeta_n^s,\zeta_n^{2s},\ldots,\zeta_n^{(n-1)s})$$

と対角化されるので，G の固有値は

$$\alpha_r=\sum_{s\in S}\zeta_n^{rs}\qquad(r=0,1,\ldots,n-1)$$

となる．$\alpha_0=d$ が最大固有値であり，G がラマヌジャングラフとなるための条件は

$$|\alpha_r|\leq 2\sqrt{d-1}\qquad(r=1,\ldots,n-1,\ |\alpha_r|\neq d)$$

である．

例 14.9　n を自然数として $G=\mathrm{Cay}(\mathbb{Z}_{4n},\{2n,1,-1\})$ とおく．たとえば $n=3$ のときは

$\mathrm{Cay}(\mathbb{Z}_{12},\{6,1,-1\})=$ 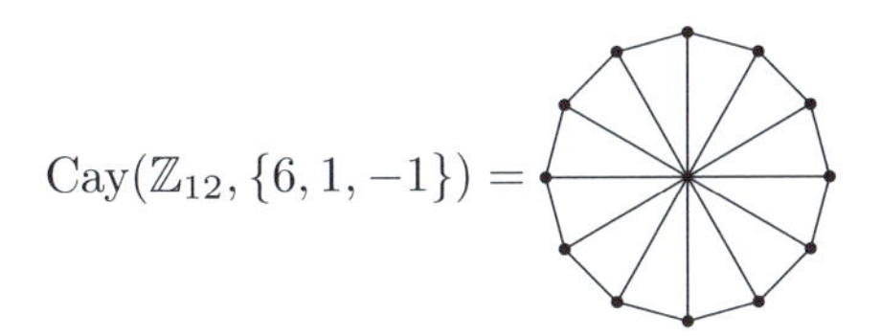

となる．G は 3-正則グラフである．

G がラマヌジャングラフとなるための条件について調べてみよう．G の固有値は

$$\alpha_r=\zeta_{4n}^{2nr}+\zeta_{4n}^{r}+\zeta_{4n}^{-r}=(-1)^r+2\cos\frac{r\pi}{2n}\quad(r=0,1,\ldots,4n-1)$$

である．$\alpha_0=3$ が最大固有値である．また，$(0,1,2,\ldots,2n-1,2n,0)$ という長さが奇数の閉路を持つので，G は 2 部グラフではない（つまり -3 は G の固有値とならない）．よって，G がラマヌジャングラフとなるためには

$$|\alpha_r| \leq 2\sqrt{2} \quad (r = 1, 2, \ldots, 4n-1)$$

が成り立たねばならない．これは，r の偶奇で分けると

$$-2\sqrt{2} \leq 1 + 2\cos\frac{r\pi}{2n} \leq 2\sqrt{2} \quad (r = 2, 4, \ldots, 4n-2)$$

$$-2\sqrt{2} \leq -1 + 2\cos\frac{r\pi}{2n} \leq 2\sqrt{2} \quad (r = 1, 3, \ldots, 4n-1)$$

となる．r が偶数の場合，左側の不等式は自明に成り立つので

$$\cos\frac{r\pi}{2n} \leq \sqrt{2} - \frac{1}{2} \quad (r = 2, 4, \ldots, 4n-2)$$

でなければならない．左辺は $r = 2$ で最大値を取るので

$$\cos\frac{\pi}{n} \leq \sqrt{2} - \frac{1}{2}$$

となれば良い．一方で r が奇数の場合，右側の不等式は自明に成り立つので

$$\frac{1}{2} - \sqrt{2} \leq \cos\frac{r\pi}{2n} \quad (r = 1, 3, \ldots, 4n-1)$$

でなければならない．右辺は $r = 2n+1$ で最小値を取るので

$$\frac{1}{2} - \sqrt{2} \leq \cos\frac{(2n+1)\pi}{2n}$$

すなわち

$$\cos\frac{\pi}{2n} \leq \sqrt{2} - \frac{1}{2}$$

となれば良い．従って

$$\begin{aligned} G \text{がラマヌジャングラフ} &\iff \cos\frac{\pi}{2n} \leq \sqrt{2} - \frac{1}{2} \\ &\iff n \leq \frac{\pi}{2\arccos(\sqrt{2} - \frac{1}{2})} \approx 3.7648 \end{aligned}$$

となる，すなわち G がラマヌジャングラフとなるのは $n \leq 3$ のときであり，$n \geq 4$ のときには G はラマヌジャングラフとはならない． □

第 14 章　章末問題

問題 14.1　$\mathbb{Z}_7$ において，以下の問に答えよ．

(1) 方程式 $4x = 1$ を（$\mathbb{Z}_7$ の中で）解け．

(2) 方程式 $x^2 = 2$ を（$\mathbb{Z}_7$ の中で）解け．

(3) 方程式 $x^2 = 3$ は（$\mathbb{Z}_7$ の中で）解を持たないことを確かめよ．

問題 14.2　(14.1) を用いてド・モアブルの定理を証明せよ．

問題 14.3　n を 3 以上の自然数とする．$\mathrm{Cay}(\mathbb{Z}_n, \{1, -1\}) \cong \mathcal{C}_n$ を示せ．

問題 14.4　n を自然数とする．$\mathrm{Cay}(\mathbb{Z}_n, \mathbb{Z}_n \setminus \{0\}) \cong \mathcal{K}_n$ を示せ．

問題 14.5　n を自然数として $S = \{1, 3, \ldots, 2n-1\} \subset \mathbb{Z}_{2n}$ とおく．$\mathrm{Cay}(\mathbb{Z}_{2n}, S) \cong \mathcal{K}_{n,n}$ を示せ．

問題 14.6　n を自然数とする．$\mathcal{C}_n$, $\mathcal{K}_n$, $\mathcal{K}_{n,n}$ がいずれもあるケイリーグラフと同型となることを利用して，$\mathrm{Spec}(\mathcal{C}_n)$, $\mathrm{Spec}(\mathcal{K}_n)$, $\mathrm{Spec}(\mathcal{K}_{n,n})$ をそれぞれ求めよ．

問題 14.7　n を自然数として $G = \mathrm{Cay}(\mathbb{Z}_{4n+2}, \{2n+1, 1, -1\})$ とおく．たとえば $n = 2$ のときは

$\mathrm{Cay}(\mathbb{Z}_{10}, \{5, 1, -1\}) =$ 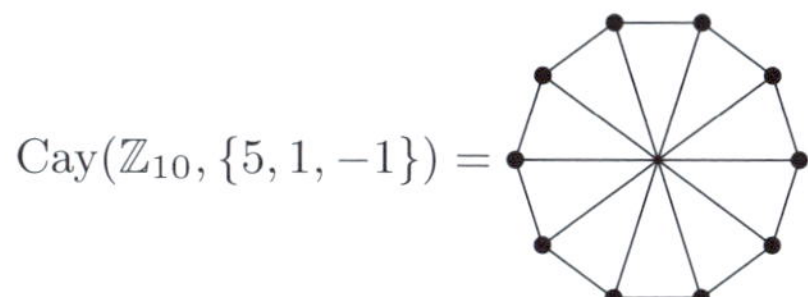

となる．G は 3-正則なケイリーグラフである．

(1) G の $(4n+2)$ 個の固有値を計算せよ．

(2) G は 2 部グラフであることを確かめよ．

(3) G は，$n \leq 7$ ならばラマヌジャングラフであり，$n \geq 8$ ならばラマヌジャングラフとならない．このことを確かめよ．

付　録

Maxima でグラフを

Maxima はフリーの数式処理システムである．数式処理システムには Mathematica や Maple といった有償で高機能なものもあるが，本書では手軽さを優先して Maxima を取り上げることにする．

この付録では，Maxima における「グラフに関する計算のやり方」について簡単に紹介したい．なお，Maxima の基本的な使い方についてはここでは説明しない．ウェブ上で「maxima 入門」ぐらいのキーワードで検索することで解説記事を見つけることができるだろう．そのような解説の一例として，中川義行氏による「Maxima 入門ノート」を挙げておく．検索して見付けて欲しい．

A.1 Maxima の準備

インストール方法についてはウェブ上で色々な人が解説してくれているので，使っているシステムに応じて「windows maxima インストール」「mac maxima インストール」といったキーワードでウェブ検索すれば良いだろう．使いやすくするために，グラフィカルユーザインタフェースで使える適当なフロントエンド，たとえば wxMaxima なども合わせてインストールしておくことをお勧めする．そのやり方も色々な人が解説してくれているので，検索して探して欲しい（多くの場合，Maxima のインストールと合わせて wxMaxima のインストールや設定についても説明している）．

A.2 graphs パッケージ

Maxima でグラフに関する色々な関数を使うためには graphs パッケージを読み込む必要がある．具体的には，まず最初に次のように入力すれば良い．

```
load ("graphs")$
```

A.3 グラフを作る

頂点集合 V は $\mathbb{Z}$ の部分集合から選ぶ.

$$V = \{v_1, \ldots, v_n\}, \quad E = \{x_1y_1, \ldots, x_my_m\}$$

であるようなグラフを出力するためには

```
create_graph([v1,...,vn],[[x1,y1],...,[xn,yn]]);
```

とする.

たとえば

$$V = \{1, 2, 3, 4\}, \quad E = \{12, 13, 14, 23, 34\}$$

であるようなグラフを変数 g に代入するには

```
g:create_graph([1,2,3,4],
  [[1,2],[1,3],[1,4],[2,3],[3,4]]);
```

とする.

グラフを視覚的に表示するためには draw_graph を使う. たとえば上で定義した g を表示するためには

```
draw_graph(g);
```

とする.

A.4 リファレンス

● グラフの生成

Maxima での関数名	生成されるグラフ
random_graph(n,p)	位数 n のグラフをランダムに生成
random_graph1(n,m)	位数 n, サイズ m のグラフをランダムに生成
random_bipartite_graph(a,b,p)	2 部グラフをランダムに生成
random_regular_graph(n,d)	位数 n の d-正則グラフをランダムに生成
random_tree(n)	位数 n の木をランダムに生成

● グラフの色々な不変量

Maxima での関数名	グラフの不変量
vertices(g)	g の頂点集合
edges(g)	g の辺集合
graph_order(g)	g の位数
graph_size(g)	g のサイズ
degree_sequence(g)	g の次数列
max_degree(g)	g の頂点の最大次数
min_degree(g)	g の頂点の最小次数
average_degree(g)	g の頂点の平均次数
diameter(g)	g の直径
radius(g)	g の半径
graph_center(g)	g の中心
girth(g)	g の内周
connected_components(g)	g の連結成分
biconnected_components(g)	g の 2 連結成分
bipartition(g)	g の 2 部分割
chromatic_index(g)	g の彩色指数
chromatic_number(g)	g の彩色数

● 基本的な関数

Maxima での関数名	出力されるグラフ
complement_graph(g)	g の補グラフ
induced_subgraph(V,g)	頂点集合 V が定める g の誘導部分グラフ
graph_product(g1,g2)	g1 と g2 の積グラフ
graph_union(g1,g2)	g1 と g2 の和グラフ
line_graph(g)	g のライングラフ
adjacency_matrix(g)	g の隣接行列

パラメタを持つグラフ

Maxima での関数名	出力されるグラフ
empty_graph(n)	位数 n の無辺グラフ
complete_graph(n)	位数 n の完全グラフ $\mathcal{K}_n$
path_graph(n)	位数 n の道 $\mathcal{P}_{n-1}$
cycle_graph(n)	位数 n のサイクル $\mathcal{C}_n$
wheel_graph(n)	位数 $n+1$ の車輪グラフ $\mathcal{W}_n$
complete_bipartite_graph(n, m)	完全 2 部グラフ $\mathcal{K}_{n,m}$
grid_graph(n,m)	格子グラフ $\mathcal{P}_n \square \mathcal{P}_m$
circulant_graph(n,d)	巡回グラフ
cube_graph(n)	超立方体グラフ
flower_snark(n)	花型スナーク

※**無辺グラフ**とはその名の通り辺が 1 つもないグラフのこと．つまり位数 n の無辺グラフは $\mathcal{K}_n$ の補グラフ $\overline{\mathcal{K}_n}$ のことである．

※**巡回グラフ**とは巡回群 $\mathbb{Z}_n = \mathbb{Z}/n\mathbb{Z}$ に対するケイリーグラフのこと．隣接行列が巡回行列の和として表されるグラフといっても良い．

※**超立方体グラフ**とは n 次元超立方体に対応するグラフのこと．n ビット列を頂点とし，ハミング距離が 1 のビット列を辺で結んでできるグラフといっても良い．

名前があるグラフ

Maxima での関数名	グラフの名称
clebsch_graph()	クレブシュグラフ
frucht_graph()	フルフトグラフ
grotzch_graph()	グレッチ (Grötzch) グラフ
heawood_graph()	ヒーウッドグラフ
petersen_graph()	ピーターセングラフ
tutte_graph()	タットグラフ

それぞれの絵を描くと（左上から順に）以下のようになる．

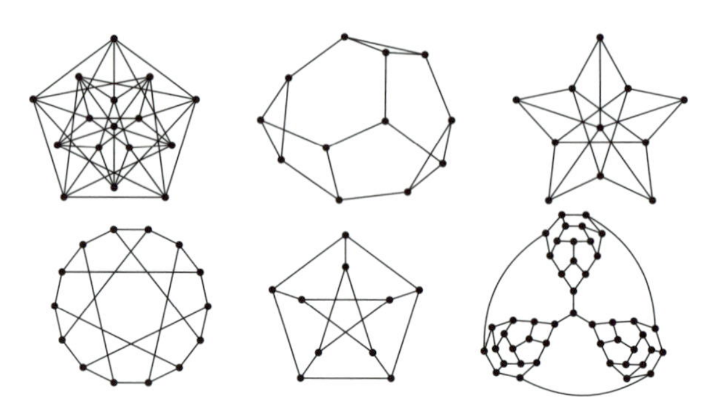

● 多面体グラフ

正多面体と半正多面体に対応するグラフはあらかじめ定義されている．

Maxima での関数名	多面体の名称
tetrahedron_graph()	四面体
cube_graph(3)	立方体
octahedron_graph()	八面体
dodecahedron_graph()	十二面体
icosahedron_graph()	二十面体
truncated_tetrahedron_graph()	切頂四面体
truncated_cube_graph()	切頂六面体
truncated_octahedron_graph()	切頂八面体
truncated_dodecahedron_graph()	切頂十二面体
truncated_icosahedron_graph()	切頂二十面体
cuboctahedron_graph()	立方八面体
icosidodecahedron_graph()	二十・十二面体
small_rhombicuboctahedron_graph()	斜方立方八面体
small_rhombicosidodecahedron_graph()	斜方二十・十二面体
great_rhombicuboctahedron_graph()	斜方切頂立方八面体
great_rhombicosidodecahedron_graph()	斜方切頂二十・十二面体
snub_cube_graph()	変形立方体
snub_dodecahedron_graph()	変形十二面体

付　録　章末問題

問題 A.1　クレブシュグラフはグレッチグラフを部分グラフとして含んでいることを，図を見て納得せよ．

問題 A.2　Maxima においてはクレブシュグラフの「外側」の 5 つの頂点が 0，1，2，3，4 と名付けられている．そのためクレブシュグラフがグレッチグラフを部分グラフとして含んでいることは次のようなコードで確認できる．

```
g:clebsch_graph()$
for i:0 thru 4 do remove_vertex(i,g)$
is_isomorphic(g,grotzch_graph());
```

このコードを実際に実行してみよ．

問題 A.3　グラフ g のラプラシアン行列の任意の (i,i) 余因子は互いに等しいことは，次のコードで確認できる．

```
makelist(
  determinant(minor(laplacian_matrix(g),i,i)),
  i,1,graph_order(g)
);
```

色々なグラフに対して試してみよ．

問題 A.4　新たな関数 number_of_spanning_trees を

```
number_of_spanning_trees(g)
  := determinant(minor(laplacian_matrix(g),1,1))$
```

によって定義すると，グラフ g の全域木の総数は

```
number_of_spanning_trees(g);
```

を実行することによって計算できる．色々なグラフの全域木の総数を計算してみよ．たとえばピーターセングラフの全域木の総数はいくつか？

問題 A.5 新たな関数 RamanujanQ を

```
Spectrum(n,S) := makelist(
    realpart( lsum(exp(2*%pi*%i*k*s/n), s, S) ),
    k, 0, n-1)$

RamanujanQ(n,S) := block(
    [L, m, d:length(S)],
    L:makelist(abs(s), s, Spectrum(n,S)),
    m:lmax(delete(d,L)),
    if (2*sqrt(d-1)>=m) then "Ramanujan"
    else "nonRamanujan"
)$
```

によって定義すると，有限巡回群のケイリーグラフ $\mathrm{Cay}(\mathbb{Z}_n, S)$ がラマヌジャングラフかどうかが RamanujanQ(n,S) によって判定される．たとえば

```
RamanujanQ(12,[1,-1,3,-3]);
```

を実行すると，戻り値として“Ramanujan”という文字列が返されるが，これは $\mathrm{Cay}(\mathbb{Z}_{12}, \{1,-1,3,-3\})$ がラマヌジャングラフであることを意味する．同様に

```
RamanujanQ(16,[1,-1,8]);
```

を実行すると，戻り値として“nonRamanujan”という文字列が返されるが，これは $\mathrm{Cay}(\mathbb{Z}_{16}, \{1,-1,8\})$ がラマヌジャングラフではないことを意味する．色々な n や S に対するケイリーグラフ $\mathrm{Cay}(\mathbb{Z}_n, S)$ がラマヌジャングラフになるかどうかを調べてみよ．

参 考 文 献

[1] G. Davidoff, P. Sarnak and A. Valette, *Elementary Number Theory, Group Theory, and Ramanujan Graphs*, Cambridge University Press, 2003.

[2] M. Krebs and A. Shaheen, *Expander Families and Cayley Graphs*, Oxford University Press, 2011.

[3] A. Terras, *Fourier Analysis on Finite Groups and Applications*, London Mathematical Society Student Texts **43**, Cambridge University Press, 1999.

[4] 穴井宏和・斉藤努，今日から使える！　組合せ最適化 離散問題ガイドブック，講談社，2015 年.

[5] R. ディーステル 著，根上生也・太田克弘 訳，グラフ理論，丸善出版，2012 年.

[6] D. E. Knuth, O. Patashnik, R. L. Graham 著，有澤誠・安村通晃・萩野達也・石畑清 訳，コンピュータの数学，共立出版，1993 年.

[7] N. ハーツフィールド，G. リンゲル著，鈴木晋一 訳，グラフ理論入門，サイエンス社，1992 年.

[8] 野矢 茂樹，入門！ 論理学，中公新書，2006 年.

[9] 中内 伸光，ろんりと集合，日本評論社，2009 年.

[10] ルイス・キャロル 作，トーベ・ヤンソン 絵，穂村 弘 訳，スナーク狩り，集英社，2014 年.

索　　引

● あ　行

● か　行

● さ　行

● ま　行

● や　行

● ら 行

● わ 行

● 英字

著者略歴

木本一史（きもと かずふみ）

1998年　九州大学理学部数学科卒業
2003年　九州大学大学院数理学府博士後期課程修了
現　在　琉球大学理学部数理科学科教授
　　　　博士（数理学）

ライブラリ 新数学基礎テキスト＝**Q6**
レクチャー 離散数学
――グラフの世界への招待――

2019年5月25日 ©　　初　版　発　行

著　者　木本一史　　　発行者　森平敏孝
　　　　　　　　　　　印刷者　小宮山恒敏

発行所　　**株式会社　サイエンス社**
〒151–0051　東京都渋谷区千駄ヶ谷1丁目3番25号
営　業　☎(03)5474–8500(代)　振替 00170–7–2387
編　集　☎(03)5474–8600(代)
FAX　☎(03)5474–8900

印刷・製本　小宮山印刷工業（株）
《検印省略》

ISBN 978–4–7819–1447–3

PRINTED IN JAPAN

サイエンス社のホームページのご案内
http://www.saiensu.co.jp
ご意見・ご要望は
rikei@saiensu.co.jp　まで．